Guía para el docente y solucionarios

# Montaje y mantenimiento de sistemas de telefonía e infraestructuras de redes locales de datos

Editado por: IC Editorial
c/ Cueva de Viera, 2, Local 3
Centro Negocios CADI
29200 Antequera (Málaga)
Teléfono: 952 70 60 04
Fax: 952 84 55 03
Correo electrónico: iceditorial@iceditorial.com
Internet: www.iceditorial.com

**Guía para el docente y solucionarios:**
**Montaje y mantenimiento de sistemas de telefonía e**
**infraestructuras de redes locales de datos**

1ª Edición

© IC Editorial 2023

ISBN: 978-84-1184-263-1
Depósito Legal: MA 1765-2023

Impresión: PODiPrint
Impreso en Andalucía - España

# Índice

Bloque 1
## Guía para el docente: técnicas de enseñanza y aprendizaje

Bloque 2
## Solucionarios de ejercicios de repaso y autoevaluación

Bloque 1
# Guía para el docente: técnicas de enseñanza y aprendizaje

# Contenido

# 1. Introducción

El presente capítulo está destinado a ofrecer al cuerpo docente responsable de la enseñanza del programa de cualificaciones profesionales y certificados de profesionalidad, una guía metodológica para obtener el máximo rendimiento de los contenidos formativos que han sido desarrollados para el presente título.

La mejora de las habilidades comunicativas y la aplicación de una metodología contrastada de enseñanza, aprendizaje y evaluación permitirá transmitir el conocimiento y adquirir el programa formativo de la forma más efectiva y práctica posible.

Estudiaremos cuáles son los principales elementos que forman parte de la comunicación profesor-alumno, a través de una cuidada selección de sistemas de planificación de estrategias didácticas, así como la utilización de medios y recursos didácticos.

La integración de todas las actividades planificadas alrededor de un plan de formación adaptado e individualizado, aumentará además la satisfacción del alumnado por la utilización de un sistema no lineal e interactivo que se retroalimenta gracias a la relación establecida entre la propia metodología y los actores que forman parte de la enseñanza.

# 2. El programa de formación

Una de las claves del éxito de la mayoría de las actividades que se realizan en general, y concretamente en la formación, es la **programación.** Es necesaria la programación de las acciones formativas, para que así se pueda alcanzar el objetivo final, es decir, que el alumno obtenga una buena capacitación y adquiera nuevos conocimientos en su repertorio y que, después, sea capaz de emplearlos en su trabajo.

## 2.1. Definición de programación

Cuando se habla de **programación,** se pueden encontrar multitud de definiciones. Para sintetizar, se podría definir como la actividad de enunciar lo que se quiere hacer (objetivos, contenidos, métodos, temporalización, medios y recursos didácticos y evaluación).

 Definición

**Programación**
Es un plan donde se establecen las acciones que se van a realizar en un proceso de enseñanza-aprendizaje, por medio de un formador o un equipo.

A continuación, se va a describir una serie de características que tiene que tener una programación didáctica:

- Dinámica. Una programación no es estática ni está acabada, siempre está en constante revisión, de ahí su dinamismo. Además va cambiando o evolucionando según los resultados  de la evaluación continua que se va realizando durante la ejecución de la acción.
- Flexible. Esta característica permite que se puedan hacer cambios, ampliaciones, reducciones y actualizaciones de los contenidos y actividades programadas, según las necesidades que se observen.
- Creativa. La programación como es un diseño propio y exclusivo, exige creatividad y originalidad. El docente es el que decide sobre el quehacer en el aula teniendo en cuenta las características del grupo, las necesidades que se pretenden satisfacer y las propias posibilidades.
- Prospectiva. La programación consiste en hacer un pronóstico de la interacción que se va a producir en el aula.

- Sistemática. La programación es un proceso sistematizador que da coherencia a la acción formativa, ya que tiene en cuenta todos los elementos (objetivos, contenidos, métodos, temporalización, medios y recursos pedagógicos y evaluación) que intervienen en el acto educativo y analiza sus relaciones.
- Integradora. Permite integrar elementos de cualificación técnico-profesionales con elementos de cualificación personal de alumnado.
- Funcional. Toda programación debe basarse en el perfil profesional de la ocupación y estructurar los contenidos formativos que proporcionan las competencias de ésta.

## 2.2. Elementos de la programación

Antes de empezar cualquier programación formativa, es necesario tener en cuenta los datos obtenidos del análisis de la ocupación y del grupo al que se dirige la acción formativa. A partir de esta información, se determinan los elementos que van a conformar la programación.

Cuando se realiza la programación de un curso, hay que plantearse previamente las siguientes preguntas:

| | |
|---|---|
| 1. ¿Qué quiero conseguir con la formación? | **OBJETIVOS** |
| 2. ¿Qué conocimientos deben asimilar los alumnos para alcanzar los objetivos propuestos? | **CONTENIDOS DEL CURSO** |
| 3. ¿Cómo trabajamos en el aula? ¿Qué actividades son las que realizamos? | **MÉTODOS DE ENSEÑANZA** |
| 4. ¿Cuánto tiempo tengo y cuánto dedico a cada módulo? | **TEMPORALIZACIÓN** |
| 5. ¿Qué medios y recursos didácticos se necesitan para poder llevar a cabo esas actividades? | **MEDIOS Y RECURSOS DIDÁCTICOS** |
| 6. ¿Cómo sabemos que se ha producido el aprendizaje? | **EVALUACIÓN** |

## 3. Factores determinantes de la efectividad de la comunicación en el proceso de enseñanza-aprendizaje

En toda comunicación que se produzca en el proceso de enseñanza-aprendizaje, existen factores determinantes que obstaculizan o refuerzan este proceso.

### 3.1. Obstáculos de la comunicación

**Relacionados con el emisor**

- No expresar de forma clara qué mensaje se quiere transmitir.
- Comentar algo a lo largo de la explicación que no sea lo correcto y pueda resultar desagradable.
- Cambiar el tema de conversación.
- Desviarse del tema que se está tratando.
- No mirar al receptor cuando se quiere expresar algo.
- No estar atento a las señales que emite el receptor.
- Expresar alguna idea a través de los gestos que no se corresponda con la idea a comunicar.

**Relacionados con el receptor**

- No comprender las ideas que quiere expresar el emisor.
- No pedir explicación al emisor de aquella información que no le haya quedado clara.
- Interrumpir al emisor cuando está hablando.
- Captar algo diferente a lo que el emisor desea transmitir.

**Relacionados con el mensaje**

- Mensaje confuso.
- Mensaje muy corto.
- Mensaje muy extenso.
- Abuso de muletillas.
- Utilización de frases sin terminar.
- Dar "rodeos" para decir la idea principal.

### Relacionados con el contexto

- No ser el momento adecuado para transmitir algo.
- No saber escoger el lugar oportuno.
- La presencia de ruidos y de interferencias.
- No pensar en las personas que están cerca.

### Relacionados con el código

- No utilizar el mismo código que la persona con la que se habla o a la que se escucha.
- No adaptar el vocabulario a la situación o a la persona con la que se conversa.
- Utilizar el doble sentido.

## 3.2. Sugerencias para el mejor funcionamiento de la comunicación

### Emisor

- Acostumbrarse a planificar la comunicación.
- Concretar visiblemente los objetivos.
- Buscar la retroalimentación en la comunicación.
- No tratar de impresionar al receptor.

### Mensaje

- Que sea claramente entendido por el receptor.
- Que la terminología usada sea de referencia común.
- Que reclame la atención y el interés del alumnado.
- Que sea sencillo de interpretar.
- Que su contenido sea adecuado y convincente.
- Que produzca el máximo efecto posible.

**Canal**

- Que sea el más apropiado al grupo al que se dirige, al contenido del mensaje y al objetivo que persigue el formador.
- Que sea el que cause mayor impacto en el receptor.
- Que sea el más eficaz.
- Que sea el que mejor domine el formador.

# 4. La comunicación verbal y no verbal en el proceso instructivo

Los medios de comunicación pueden agruparse en dos grandes bloques: los **medios verbales,** que son aquellos que usan la lengua como código compartido; y los **medios no verbales,** que son los que se fundamentan en otros códigos simbólicos. A su vez, dentro de los medios verbales, están el medio escrito y el medio oral.

Cada uno de estos medios tiene sus ventajas y sus inconvenientes, por lo que la selección del medio deberá tener en cuenta las circunstancias y características que en cada caso presenta el comunicador, la audiencia y el mensaje que se ha de transmitir.

## 4.1. Los medios verbales

### La comunicación verbal

La comunicación verbal se utiliza para comunicar ideas o dar información, opiniones, expresar o describir sentimientos, etc. Sirve de vehículo a los contenidos explícitos del mensaje. Para garantizar la efectividad de la comunicación, es necesario que el mensaje se presente de forma descriptiva y operativa, pero siempre teniendo muy en cuenta el código común del grupo al que va dirigida esta comunicación.

Un uso correcto del lenguaje oral ayuda a acercarse más a los alumnos. Los principales aspectos a considerar son los que aparecen a continuación.

### Construcciones gramaticales

El objetivo será transmitir el mensaje de la manera más clara posible. Se deben evitar los giros rebuscados, la sintaxis complicada y las metáforas. En las explicaciones y conversaciones debe primar el contenido sobre la forma.

### Vocabulario

Es importante saber qué palabras van a expresar mejor los conceptos que se desean transmitir y las que pueden ser comprendidas mejor por los alumnos. El análisis previo de los alumnos ayuda a saber qué términos técnicos se pueden utilizar sin problemas, cuáles se tienen que explicar y cuáles se deben evitar.

En general, siempre hay que mantenerse dentro de un lenguaje formal, evitando los vocablos demasiado coloquiales, las palabras extranjeras, las referencias académicas y expresiones de carácter religioso, político, deportivo o cultural, que pueden resultar agresivas para los alumnos.

### Ejemplos

Los conceptos abstractos que pueden aparecer y que dificultan la adquisición de los contenidos, tienen que ser expresados mediante las explicaciones del formador, siempre apoyándose en la visualización.

## La comunicación escrita

La comunicación escrita posee un carácter más veraz que la oral. La interacción que tiene lugar entre el emisor y el receptor no es inmediata, en algunas ocasiones no llega a producirse jamás. Este tipo de comunicación ofrece más oportunidades expresivas y mayor complejidad gramatical, sintáctica y léxica. También hay que tener en cuenta que a veces dificulta la expresión y/o puede no proporcionar *feedback* de manera inmediata.

## 4.2. Los medios no verbales

Al igual que las palabras, los elementos de la comunicación no verbal son signos que representan una idea (se excluyen todos los signos lingüísticos).

A diferencia de la comunicación verbal, su función no se centra sólo en la transmisión de contenido, sino que traspasa esa frontera para expresar también las emociones del emisor, controlar la interacción y proporcionar *feedback* del efecto que el mensaje produce en el receptor. Todas estas funciones son muy útiles para el formador, tanto en su tarea de transmisor de conocimientos como en la tarea de motivar y dirigir al grupo.

A continuación, se detallan las diferentes categorías en las que se agrupan los elementos de la comunicación no verbal.

### Kinesia

#### *Posturas*

Una de las primeras cosas que el formador debe transmitir a sus alumnos es confianza y seguridad, lo que puede conseguirse a través de una postura erguida (sin llegar a ser arrogante), de pie, apoyándose sobre los dos pies y manteniendo la cabeza alta.

Esta postura es útil, especialmente durante la presentación del curso, porque ayuda a relajar el cuerpo, a facilitar la respiración y a controlar las muestras de nerviosismo, al tener un buen apoyo en el suelo.

A medida que avanza el curso, se pueden adoptar otras posturas que faciliten el descanso (apoyarse), el acercamiento (echar el cuerpo hacia delante) o que resten protagonismo (sentarse).

#### *Gestos*

Los gestos son un buen aliado del formador, excepto cuando éste se siente incómodo o nervioso. Gestos de carácter adaptador, como rascarse o colocarse la ropa, pueden delatar su estado emocional.

La mayoría de los gestos cumplen la función de reforzar el mensaje verbal (ilustradores), aunque existen otros cuya función es regular las intervenciones cuando se dirige una discusión de grupo.

### Expresiones faciales

Las expresiones de la cara transmiten las emociones y permiten obtener fácilmente una respuesta del alumno.

Una expresión facial agradable, como una sonrisa no forzada, facilita la creación de un ambiente relajado en el aula. Una sonrisa puede ser muy útil también para romper la tensión que inevitablemente surge en algunas sesiones.

### Mirada

La mirada, junto con la postura, es uno de los mejores métodos para transmitir confianza (en momentos de nerviosismo se tiende a apartar la vista) y para captar la atención de los alumnos.

Mientras el formador habla debe mantener la mirada sobre los alumnos la mayor parte del tiempo, mirándolos el tiempo suficiente como para que se sientan atendidos pero no incómodos. También se puede utilizar la mirada durante las discusiones de grupo, con una función reguladora de las distintas intervenciones.

### Desplazamientos

Realizar desplazamientos en el aula capta la atención del alumnado, además de facilitar el contacto visual. Hay que procurar que no sean repetitivos o bruscos (pasear cerca de los alumnos), y cambiar de un recurso a otro (ir de la pizarra al retroproyector), etc.

## Recuerde

Los recursos no verbales que estudia la Kinesia son:

I Posturas.
I Gestos.
I Expresiones faciales.
I Mirada.
I Desplazamientos.

Estos recursos pueden utilizarse tanto para reforzar lo que se expresa mediante la comunicación verbal como para sustituirlo.

---

### Proxémica

El aspecto de la proxémica que más interesa es la proximidad física entre los individuos, ya que los alumnos pueden sentirse violentos si el formador se aproxima excesivamente a ellos o, por el contrario, verle distante si no se acerca.

Se debe prestar atención a este aspecto, tanto durante las intervenciones como al distribuir el espacio del aula que se va a emplear, evitando siempre que los asientos estén demasiado juntos o demasiado separados.

### Paralingüística

Para captar la atención del público, los oradores suelen hacer uso de determinados aspectos como el tono de voz o las pausas, que en algunos casos pueden parecer exagerados.

El formador, aunque emplee el método de la lección magistral, no es un orador y, por tanto, no debe prestar especial atención a estos aspectos, excepto cuando le plantean algún problema, debido a la ansiedad, al cansancio o a un mal estado de salud. Practicar en voz alta y realizar grabaciones durante la fase de preparación puede ayudar a vencer estas dificultades.

### Volumen

Aunque el aula sea pequeña, se tiene que realizar el esfuerzo de hablar lo suficientemente alto para que todos los alumnos oigan las explicaciones y, a la vez, transmitir confianza. En general, el volumen se ajustará instintivamente cuando se compruebe dónde se sitúa la persona que se encuentra más alejada.

### Entonación

El problema más frecuente, especialmente si se está cansado, es la monotonía, que no contribuye a captar la atención ni a motivar a los alumnos.

El interés que el formador muestre por el tema y una correcta preparación le hará destacar los puntos clave y jugar con la entonación de una forma adecuada a lo largo de toda la exposición.

### Pronunciación

Los problemas se presentan especialmente cuando se está nervioso o se habla demasiado rápido. Se debe hacer un esfuerzo por articular todas las palabras de manera limpia y clara, abriendo la boca lo suficiente para pronunciar correctamente las sílabas, consonantes y vocales.

### Velocidad

Una velocidad correcta puede ayudar a resolver problemas de pronunciación y de entonación. Se debe hablar a una velocidad normal o algo superior, para facilitar el mantenimiento de la atención. No obstante, si se está nervioso, se puede hablar con mayor lentitud para facilitar la respiración y relajarse. También se debe reducir la velocidad cuando se expliquen conceptos técnicos complejos o cuando se espere alguna respuesta por parte de los alumnos.

**Recuerde**

Los elementos que trata la Paralingüística son:

I El volumen.
I La entonación.
I La pronunciación.
I La velocidad.

## Proyección física

Existen determinados factores que, sin que la persona diga ni haga nada, transmiten información y hacen referencia a la imagen física que esta persona proyecta.

Es fundamental que el formador transmita una imagen positiva para los alumnos. Se debe cuidar el aspecto externo y los artefactos que se usen, como los adornos y prendas de vestir. La manera adecuada de vestir depende de la situación y siempre debe estar en consonancia con lo que cada colectivo de alumnos espera del formador.

 **Ejemplo**

Sería negativo vestir pieles para impartir un curso cuyo objetivo fuese desarrollar actitudes positivas hacia la protección del medio ambiente.

En cualquier caso, se debe llevar ropa que resulte cómoda, bien cuidada y no demasiado llamativa. A los adornos y al peinado se aplican las mismas reglas que al vestido.

## Importante

Un objetivo fundamental del formador es dirigir la atención de los alumnos hacia el contenido que está desarrollando, nunca hacia su persona.

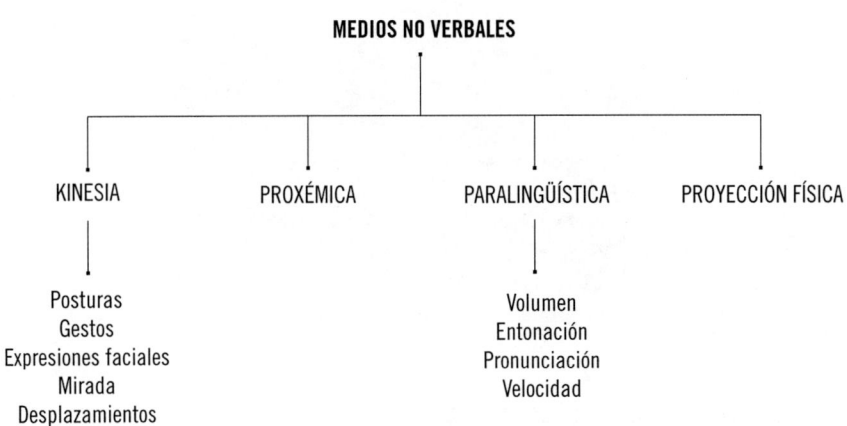

Finalmente, conviene recordar que si el formador observa atentamente la comunicación no verbal que expresan los alumnos, obtendrá una gran cantidad de información.

Hay numerosos signos no verbales que puede mostrar el alumno:

- **Atención:** posturas del cuerpo (inclinado hacia delante, hacia atrás...).
- **Necesidad de hablar:** movimientos sutiles de la boca, de la mano, etc.
- **Irritación:** movimiento de pies, manipulación de objetos sobre la mesa, etc.

- **Concentración:** tomar apuntes, mirar al docente, etc.
- **Cansancio:** cuerpo hundido, suspiros, etc.
- **Inercia:** silencios de todo el grupo, etc.
- **Desinterés:** cerrar el cuaderno, bostezar, mirar al vacío, etc.
- **Sorpresa:** levantar los brazos, abrir la boca, levantar las cejas, abrir los ojos, etc.

Si se observan estos elementos de forma atenta, se podrá obtener información sobre la comprensión del mensaje y el estado emocional de los alumnos, lo que será de gran utilidad para el formador durante el curso.

*La comunicación no verbal aporta información al formador sobre los alumnos*

## 5. Técnicas de secuenciación de contenidos

Una vez seleccionados los contenidos, hay que ordenarlos secuencialmente. La **secuenciación y estructuración de los contenidos** es el proceso que permite situarlos en una configuración que produce el máximo aprendizaje en el mínimo tiempo posible.

Algunas de las técnicas para la secuenciación de contenidos son las siguientes:

- Que los contenidos estén de acuerdo con los objetivos propuestos y con los plazos previstos para conseguirlos.

- Empezar por los contenidos más próximos y significativos para el alumno, para llegar poco a poco a lo desconocido. De esta manera, resultará más fácil introducir los nuevos contenidos.
- Ir de lo inmediato a lo remoto.
- Ir de lo concreto a lo abstracto.
- Ir de lo más fácil a lo más difícil. Esto motiva al alumnado porque le va mostrando los avances de manera rápida.

Las principales ventajas que este proceso conlleva son:

- Ayuda al participante a pasar de un conocimiento o habilidad a otro.
- Garantiza que los conocimientos y habilidades previas son alcanzados antes de introducir elementos nuevos.
- Reduce el tiempo de formación.
- Evita la confusión y los fallos en el participante.

Estos puntos son los principales aspectos a tener en cuenta cuando se realiza la presente fase de la programación de la formación, es decir, cuando se fijan los contenidos de la formación.

# 6. La selección y planificación de estrategias didácticas

Las personas que realizan un curso de formación son diversas, por ello es muy importante que las estrategias didácticas se adapten, de la mejor forma posible, al contexto y permitan una flexibilidad.

 Definición

**Estrategias didácticas**
Son procedimientos que el formador emplea para facilitar el aprendizaje, con la intención de que éste sea significativo.

Tras la selección y estructuración de contenidos, llega el momento de decidir la modalidad de formación a seguir y la metodología a utilizar en su impartición. Pero esta decisión no se puede tomar arbitrariamente, sino que ha de basarse en unos criterios. Los criterios de decisión básicos para determinar qué estrategia y qué método de formación es el adecuado, son:

■ La compatibilidad con los objetivos.
■ Los principios generales del aprendizaje del adulto: individualización, motivación, utilidad, practicidad, intereses, etc.
■ Los principios de rigor, realismo y participación.
■ El carácter eminentemente aplicativo de los aprendizajes.
■ La posibilidad de transferir los aprendizajes al puesto de trabajo.
■ Los recursos disponibles, incluido el tiempo.
■ Los factores relacionados con los participantes, como el estilo de aprendizaje, la edad, el tamaño del grupo, la motivación, etc.

Una vez escogido el método, se observa que ninguno es químicamente puro, sino que unos participan de otros. Por lo demás, todo método puede ser adecuado o inadecuado dependiendo del modo en que sea empleado.

Los formadores deben utilizar los métodos flexiblemente, de la forma que mejor se adapten al estilo de formación, a la materia y a los alumnos, complementando cada método con la técnica y recurso didáctico más acorde.

## 7. La selección y planificación de medios y recursos didácticos

Para realizar cualquier acción formativa, hace falta algo más que elegir y aplicar unos métodos y unas técnicas. Son necesarios los medios y recursos didácticos, que van a ayudar a desarrollar la metodología seleccionada en el aula. Los medios y recursos didácticos permiten el trasvase de información formador-alumno.

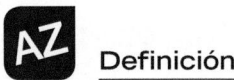 **Definición**

**Medios didácticos**
Son materiales elaborados para facilitar los procesos de enseñanza-aprendizaje.

**Recursos didácticos**
Son soportes mediante los cuales se presentan los contenidos del curso a los alumnos.

A la hora de escoger el medio o recurso a utilizar, se deben tener en cuenta los siguientes criterios:

- **Características de la materia o tema.** Dependiendo de la naturaleza de los contenidos, éstos pueden ser transmitidos por unos u otros métodos.
- **Los objetivos del curso.** Toda selección de medios y estrategias de enseñanza deben realizarse en función de éstos.
- **La disposición del aula y el número de alumnos.** Hay que tener cuidado, sobre todo en la visibilidad de alguno de los recursos, porque pueden perder eficacia.
- **Tiempo disponible para la formación.** Este elemento tiene que estar siempre presente, porque, en función del tiempo que se tenga, se elegirá lo que se adapte mejor a las necesidades.
- **Recursos disponibles,** ya que en algunas ocasiones están a nuestro alcance.
- **El uso que se haga de ellos,** cuál es la finalidad, qué es lo que se pretende y en qué momento se van a utilizar.
- **El nivel de conocimiento de los alumnos** sobre el tema.

Todos estos puntos se han de tener en cuenta a la hora de escoger un medio o recurso didáctico. La finalidad de éstos no es otra que la de fundamentar, apoyar y reforzar el acto formativo.

## 8. La planificación de la evaluación del proceso de enseñanza-aprendizaje

La aplicación de programas de formación lleva a la obtención de unos determinados resultados. Éstos serán los frutos de la formación y mostrarán el grado de eficacia y eficiencia con que se lleva a cabo la función formativa.

Los resultados indican el éxito de la formación mediante su contraste con los objetivos fijados anteriormente. Este procedimiento recibe el nombre de **evaluación,** proceso ampliamente conocido y con trascendencia reconocida para la formación. Según el proceso de evaluación aplicado, los resultados obtenidos serán reales y fiables, o bien, falseados.

Para que los resultados de la evaluación muestren con certeza el grado de éxito alcanzado con la formación, es necesario un requisito previo: el establecimiento de criterios de evaluación durante el proceso de planificación de la formación. Los criterios actúan como puntos de referencia, a partir de los cuales se valoran los resultados obtenidos.

Los criterios de evaluación han de fijarse con mucha atención, ya que determinan el proceso de evaluación, y éste juzga el grado de éxito de la función formativa.

El primer aspecto a tener en cuenta es la validez: los criterios de evaluación han de ser válidos en relación a los elementos del proceso formativo.

Los aspectos que determinan el grado de validez de los criterios de evaluación son:

- La relevancia.
- La no deficiencia.
- La no contaminación.
- Su fiabilidad.

El establecimiento de criterios válidos y fiables permitirá elaborar un proceso de evaluación de la formación que mida rigurosamente la eficacia y la eficiencia de la función formativa.

## 9. El seguimiento formativo

El seguimiento es un proceso continuo que sirve para evaluar la eficacia del uso de los recursos y para saber qué iniciativas se pueden emprender para mejorar el aprovechamiento de los recursos formativos.

El seguimiento, además de realizarse después de haber finalizado la planificación formativa, también se realiza antes de la acción.

### 9.1. Características

El seguimiento formativo permite evaluar los distintos componentes (desde los alumnos hasta todos los elementos que forman la programación) que intervienen en él durante todo el proceso de formación.

El seguimiento formativo se diferencia de la evaluación en que éste tiene que ver más con tareas organizativas, de coordinación, administrativas, etc.; sin embargo, la evaluación valora aspectos de los procesos de formación, como pueden ser la comunicación, el aprendizaje de los nuevos conocimientos, etc.

Con la realización adecuada de un seguimiento formativo:

- Se pueden **descubrir errores o desajustes** en el proceso de enseñanza-aprendizaje antes de que se realice la evaluación final para comprobarlos.
- Se pueden **corregir los errores** en el momento en el que se están produciendo.
- Además, **se detectan los aspectos positivos** que tienen lugar a lo largo de todo el proceso y las **posibles mejoras** que se pueden realizar.

El seguimiento formativo tiene que ser realizado por todas las personas que están implicadas en la realización de los cursos de formación (tutores, coordinadores, técnicos, etc.), por ello, el formador es una figura importante en el proceso de formación, ya que se encuentra implicado en él.

El proceso de formación debe estar planificado, pensado y planteado antes de que empiece la acción de formación, nunca debe llevarse a cabo de manera cerrada, sino que tiene que estar abierto a cualquier cambio que se considere necesario.

## 9.2. Finalidad

Son varias las finalidades que persigue el seguimiento formativo:

- Ayudar a comprender por qué ocurren algunas cosas y qué se puede hacer para intervenir en ese proceso que se está llevando a cabo.
- Identificar y solucionar los problemas que surgen a lo largo del proceso.
- Contribuir para elaborar planes de formación de manera objetiva, sin desviarse de la finalidad éste.
- Colaborar en la disminución y control del uso de los recursos materiales.
- Determinar el nivel que puede alcanzar el rendimiento y relacionarlo con el rendimiento actual.
- Diagnosticar y detectar problemas para llevar a cabo las acciones correctivas pertinentes.

## 9.3. Planificación

El seguimiento formativo debe planificarse antes y durante la acción formativa.

El objetivo de este seguimiento es comprobar la eficacia de la acción formativa antes de que ésta llegue a su fin, es decir, es necesario que durante este proceso todos los elementos que van a formar parte del aprendizaje estén planificados.

Los dos momentos que hay que tener en cuenta para planificar el seguimiento formativo son:

- **Antes de la acción formativa:** es necesario conocer las necesidades, el perfil del alumno, qué materiales, instrumentos, recursos, medios didácticos se van a usar.

■ **Durante la acción formativa:** aquí el seguimiento se utiliza para comprobar los posibles errores y mejoras que se pueden llevar a cabo. Ofrece la posibilidad de poder modificar aquellas acciones o medios que dificultan el avance del aprendizaje.

## 10. Instrumentos para el seguimiento

A lo largo de un ciclo formativo pueden suceder errores y surgir problemas, esto abarca desde la identificación de necesidades hasta la planificación, el diseño, la implantación y la evaluación. Por todo esto, es importante saber cuál es la causa del problema y saber tomar las medidas oportunas para que no se origine nuevamente.

Para detectar el origen del problema, siempre se necesita una información determinada, ésta sólo se puede obtener mediante técnicas que ayuden a obtenerlas, es decir, que permitan recabar y analizar los datos obtenidos.

Para el seguimiento del proceso de enseñanza-aprendizaje, se pueden confeccionar diferentes tipos de instrumentos de evaluación, como pueden ser los cuestionarios y utilizar la observación directa, etc., si el tipo de formación lo permite (presencial o semipresencial). Estos instrumentos variarán según el tipo de datos que se quiera conseguir.

Un ejemplo de plantilla para recoger y analizar la información podría ser esta:

| CURSO: | | 1º Módulo | 2º Módulo | 3ºMódulo |
|---|---|---|---|---|
| | Suficiente | | | |
| Objetivos del módulo | Insuficiente | | | |
| | Adecuado | | | |
| | Inadecuado | | | |

Continúa en página siguiente >>

<< Viene de página anterior

| CURSO: | | 1º Módulo | 2º Módulo | 3ºMódulo |
|---|---|---|---|---|
| Contenidos del módulo | Suficiente | | | |
| | Insuficiente | | | |
| | Adecuado | | | |
| | Inadecuado | | | |
| Metodología | Suficiente | | | |
| | Insuficiente | | | |
| | Adecuado | | | |
| | Inadecuado | | | |
| Actividades y recursos | Suficiente | | | |
| | Insuficiente | | | |
| | Adecuado | | | |
| | Inadecuado | | | |
| Recursos materiales | Suficiente | | | |
| | Insuficiente | | | |
| | Adecuado | | | |
| | Inadecuado | | | |
| Recursos humanos | Suficiente | | | |
| | Insuficiente | | | |
| | Adecuado | | | |
| | Inadecuado | | | |
| Proceso de evaluación | Suficiente | | | |
| | Insuficiente | | | |
| | Adecuado | | | |
| | Inadecuado | | | |
| Nivel de satisfacción del alumnado | Suficiente | | | |
| | Insuficiente | | | |
| | Adecuado | | | |
| | Inadecuado | | | |

Para el seguimiento del aprendizaje, como la información que se obtiene es de diferente índole, se recogerá mediante la aplicación de las técnicas seleccionadas y elaboradas para la evaluación de cada uno de los aspectos planteados (observación directa de los trabajos, participación, cuestionarios acerca de la motivación y satisfacción del alumnado, etc.).

Por ejemplo, los contenidos que se podrían incluir en la "parrilla" de análisis son los siguientes:

| CURSO | | 1er Módulo | 2º Módulo | 3er Módulo |
|---|---|---|---|---|
| **Conceptos** (comprende los contenidos conceptuales) | Con facilidad | | | |
| | Con normalidad | | | |
| | Con dificultad | | | |
| **Procedimientos** (aplica y desarrolla los contenidos procedimentales) | Con facilidad | | | |
| | Con normalidad | | | |
| | Con dificultad | | | |
| **Actitudes** (manifiesta las actitudes adecuadas a los contenidos) | Con facilidad | | | |
| | Con normalidad | | | |
| | Con dificultad | | | |
| **Motivación y participación** | Con facilidad | | | |
| | Con normalidad | | | |
| | Con dificultad | | | |
| **Satisfacción del alumno** | Con facilidad | | | |
| | Con normalidad | | | |
| | Con dificultad | | | |

Dos de las herramientas básicas son:

- **Los diagramas de flujo:** éstos sirven para desglosar en forma de componentes, para presentar una clara imagen de lo que ocurre.
- **Los checklists:** éstos son especialmente útiles para garantizar que se han realizado todas las acciones necesarias. Es otro método de ayuda orientado a los formadores y participantes para preparar, utilizar y solucionar los problemas del equipamiento.

Otros métodos de seguimiento y control que pueden ayudar en la formación son:

- Las reuniones formales e informales.
- Pasar un informe de las sesiones, cuestionarios de satisfacción o formularios de evaluación del curso.
- Entrevistas de evaluación.

 **Recuerde**

Algunos de los instrumentos de seguimiento más utilizados son:

I Cuestionario de satisfacción
I Cuestionario de motivación
I Observación directa
I Reuniones formales e informales
I Entrevistas de evaluación

# 11. Metodología de la evaluación del diseño de formación

Los métodos empleados en la evaluación siempre suelen son los mismos, independientemente de que se evalúen los objetivos, los contenidos, los recursos, etc. A pesar de esto, hay que tener en cuenta que no se deben utilizar todos los métodos que se van a nombrar, sino que todo dependerá de lo que se esté evaluando.

Los métodos más frecuentes son:

- Observación sistemática.
- Observación mediante observadores externos o internos del grupo.
- Análisis de trabajo.
- Entrevistas personales.
- Situaciones de simulaciones.

- Diálogos, debates.
- Cuestionarios específicos.
- Inventarios.
- Grabaciones en vídeo.
- Etc.

## 11.1. Evaluación de los objetivos

Cuando se diseña el programa formativo, se deben concretar los objetivos que serán objeto de evaluación al finalizar el curso, para comprobar si éstos se han alcanzado o no.

Los objetivos marcan aquellos aspectos claves que debe adquirir el alumno para alcanzar unas competencias determinadas. Éstos determinarán lo que el alumno será capaz de saber y saber hacer al acabar el curso, en unas condiciones dadas y con unos medios determinados.

Si, al finalizar el curso, se observa que los objetivos no se han cumplido en su totalidad, hay que analizar cuál ha sido la causa de este error y corregirlos. Si se han cumplido los objetivos, habrá que determinar los motivos de éxito, para volver a ponerlos en práctica en futuros cursos.

Los objetivos marcados al inicio de la formación sirven para:

- Dirigir la formación, es decir, saber hacia dónde se quiere llegar con ésta.
- Comprobar qué se ha logrado.
- Facilitar la evaluación, ya que se sabe cuáles son los objetivos que hay que evaluar.
- Reorientar la formación en el mismo momento que se está realizando.
- Elegir los métodos más adecuados para la formación.

La evaluación de los objetivos debe medirse atendiendo a:

- **Objetivos generales:** son utilizados para saber cuáles son las competencias generales.
- **Objetivos específicos:** parten de los objetivos generales.

■ **Objetivos operativos:** son derivados de los específicos. Son objetivos más concretos y siempre deben estar relacionados con actividades u operaciones determinadas. Son los más fáciles de medir.

 **Ejemplo**

Objetivos específicos para evaluar un curso de primeros auxilios:

I Aprender los conceptos básicos y generales de los primeros auxilios.
I Adquirir las habilidades y aplicar los principios de actuación para poder reaccionar adecuadamente en situaciones de urgencia.
I Conocer los aspectos jurídicos relacionados.

## 11.2. Evaluación de los contenidos

La evaluación de los contenidos se realizará para comprobar si los objetivos que se habían marcado al principio de la formación se han logrado, así como para eliminar aquellos contenidos que no aportan nada al curso.

Se debe tener siempre en cuenta que se puede lograr un mismo objetivo de formación utilizando diversos contenidos.

Para evaluar los contenidos, hay que comprobar si se ha seguido una secuencia lógica a la hora de impartirlos. Esta secuencia permite que los contenidos sean adquiridos por los alumnos de una manera más significativa, es decir, facilita el aprendizaje de los mismos.

Para que la evaluación de los contenidos resulte positiva, éstos deben ir expuestos:

■ De acuerdo con los objetivos propuestos y con los plazos previstos para conseguirlos.
■ De lo conocido a lo desconocido.

- De lo inmediato a lo remoto.
- De lo concreto a lo abstracto.
- De lo fácil a lo difícil.

Otro aspecto a tener en cuenta para que la evaluación de los contenidos sea positiva, es que éstos se deben estructurar adecuadamente, por ejemplo, mediante módulos, unidades didácticas, etc. Éstas tienen que abarcar los conocimientos, las habilidades y las actitudes que capacitan al alumno para poner en práctica las funciones que desempeñará en su puesto de trabajo. Por lo general, se pueden constituir equivalencias entre objetivos generales y cursos, objetivos específicos y módulos, unidades didácticas, etc. así como entre objetivos operativos y sesión formativa,.

 Ejemplo

Siguiendo el ejemplo anterior de primeros auxilios, los contenidos que se evaluarán para comprobar si se han logrado o no los objetivos anteriormente propuestos, son:

- Primeros auxilios: conceptos generales.
- Soporte vital básico (reanimación cardio-pulmonar)-adultos.
- Soporte vital básico-niños.
- Soporte vital instrumental.
- Traumatismos osteoarticulares. Inmovilizaciones (vendajes y férulas improvisadas).
- Movilización de urgencia y posiciones de espera.
- Traumatismos craneales y vertebro-medulares.
- Otras situaciones de emergencia.

## 11.3. Evaluación de la metodología

La evaluación de la metodología consiste en comprobar que los métodos que se han utilizado son los adecuados para lograr los objetivos formativos, aunque éstos deben ser flexibles a la hora de utilizarlos, ya que deben adaptarse a la materia tratada, a los alumnos, a los recursos disponibles, etc.

Para conseguir que la evaluación de la metodología sea positiva, se deben tener en cuenta las características que se emplean para definir un método. Éstas pueden ser:

- Presentar y mostrar la problemática del tema para que, a través de la reflexión y el esfuerzo, el alumno pueda resolverla.
- Respetar tanto la libertad de expresión como de creación.
- Las actividades que están destinadas al alumno tienen que ser dirigidas por el formador para que el alumno reflexione y participe.
- Motivar al alumno, relacionando los temas con sus intereses, motivaciones y necesidades.
- Organizar los nuevos aprendizajes para que se integren con los ya adquiridos.
- Tener en cuenta las limitaciones y las posibilidades que tiene cada alumno.
- Dar lugar a la acción individualizada a través de tareas que requieran planteamientos y acciones individualizadas.

## 11.4. Evaluación de actividades y recursos

Las **actividades** son unos elementos que acompañan a los contenidos formativos, ya que éstas refuerzan los contenidos que son expuestos por el formador. Siempre debe existir coordinación entre ambos, para esto se deben seleccionar adecuadamente tanto los métodos como las técnicas.

Para evaluar las diversas actividades que se han desarrollado, hay que formular una serie de preguntas para saber si las actividades han sido eficaces o han fallado en su ejecución. Algunas de estas preguntas pueden ser:

- ¿Qué ha hecho el alumno?
- ¿Ha sabido aplicar los conocimientos necesarios para lograr resolver las actividades?
- ¿Valora y comprende la finalidad de la actividad?
- ¿Ha mostrado interés en la realización de la misma?
- ¿Qué ha aprendido?
- ¿Han sido válidas las actividades?

- ¿Cuáles han fallado? ¿Por qué?
- ¿Se han alcanzado los objetivos?
- Etc.

Junto con las actividades, los recursos también tienen que ser evaluados, ya que de ellos va a depender en cierta manera la eficacia de las actividades. Por eso, en la evaluación de los recursos hay que tener en cuenta la eficacia de aquellos que se han utilizado y cuáles son los que se hubieran necesitado para desarrollar el curso.

Se pueden distinguir varios criterios para evaluar la eficacia de los recursos:

- Su calidad, porque actúa como mediador entre la realidad y la estructura cognitiva del alumno.
- El contexto metodológico, ya que todo va a depender de la metodología usada por el formador.
- Los propios alumnos, sus motivaciones, intereses, etc.
- La experiencia del formador en el manejo de los diversos recursos, sus habilidades, etc.

También es necesario tener en cuenta qué evaluar de los recursos:

- La rentabilidad de éstos.
- El aprovechamiento para distintas finalidades.
- El mantenimiento.
- La actualización, deben adaptarse a las nuevas tecnologías.
- La adecuación al proceso de enseñanza-aprendizaje.
- Posibilitar la acción, estimular y responder a las curiosidades presentes en el alumnado.

## 11.5. Evaluación del formador

La figura del formador es muy importante a lo largo de todo el proceso formativo, ya que, en cierta manera, el éxito o el fracaso de la formación recae sobre él, por lo tanto, es imprescindible conocer previamente a la persona que va a impartir un curso.

El formador es el mediador entre los contenidos y los alumnos, por lo que debe evaluarse de forma continua y a lo largo de todo el proceso de enseñanza-aprendizaje, así como al final del proceso, momento en que se comprobará si los métodos y estrategias que ha diseñado y utilizado han sido los adecuados, introduciendo posibles modificaciones para las prácticas futuras.

La evaluación del formador se puede realizar desde varias vertientes, en cada una de ellas se evalúan aspectos diferentes, pero todas persiguen el mismo fin, que es fomentar la calidad de la formación.

### Evaluación realizada por los alumnos

Los alumnos pueden evaluar aspectos como la relación del formador con los alumnos, la organización de las sesiones, el control de clase, la efectividad de la enseñanza, etc.

En la siguiente tabla se muestra un cuestionario a modo de ejemplo:

---

**Marque la opción que más se adecúe a las características que prevalecieron a lo largo del curso**

1. Las oportunidades que tuve para realizar preguntas en clase fueron:
   a. Frecuentes
   b. Regulares
   c. Escasas
   d. Muy escasas

2. El interés que mostró el formador respecto a los alumnos fue:
   a. Satisfactorio
   b. Regular
   c. Poco
   d. Muy pobre

3. El clima existente en el aula fue:
   a. Bueno
   b. Regular
   c. Tenso
   d. Malo

---

Continúa en página siguiente >>

<< Viene de página anterior

**Marque la opción que más se adecúe a las características
que prevalecieron a lo largo del curso**

4. En la prueba final se evaluaban los contenidos dados a lo largo del curso:
   a. Sí
   b. No

5. El material presentado en el curso fue:
   a. Original
   b. Poco original
   c. Nada original

6. Las actividades que realicé para asimilar los contenidos fueron:
   a. Útiles
   b. Regulares
   c. Pobres
   d. Inútiles

7. El contenido marcado para el curso se expuso en su totalidad:
   a. Sí
   b. No

8. El grupo de alumnos afectó a mi aprendizaje:
   a. De manera positiva
   b. De manera negativa
   c. No me afectó

9. El material audiovisual me pareció:
   a. Atractivo
   b. Regular
   c. Inadecuado

10. Los procesos, problemas y soluciones experimentados en el trabajo en
    grupo fueron:
    a. Bien planteados
    b. Regular planteados
    c. Mal planteados

11. Las exposiciones por parte del docente me parecieron:
    a. Buenas
    b. Regulares
    c. Malas

Continúa en página siguiente >>

<< Viene de página anterior

---

**Marque la opción que más se adecúe a las características
que prevalecieron a lo largo del curso**

---

12. La actuación del profesor durante el curso evidenció:
    a. Un elevado conocimiento de la materia
    b. Un mediano conocimiento
    c. Un escaso conocimiento

---

13. El profesor supo controlar las conductas perturbadoras sucedidas a lo largo
del curso de forma:
    a. Eficaz
    b. Regular
    c. Ineficaz

---

14. El ritmo que siguió el profesor al exponer los contenidos me pareció:
    a. Muy bueno
    b. Satisfactorio
    c. Monótono

---

15. La secuencia de presentación de los contenidos del curso fue:
    a. Lógica
    b. Regular
    c. Arbitraria

---

16. La actuación del profesor despertó interés y motivación:
    a. Muchas veces
    b. Algunas veces
    c. Pocas veces
    d. Ninguna vez

---

## Evaluación realizada por el propio formador

En esta evaluación, el formador va a evaluar la preparación del curso, el desarrollo del mismo, y también realizará una evaluación propia de su actuación como formador.

En la siguiente tabla se muestra un cuestionario a modo de ejemplo:

**Marque la opción que más se adecúe a las características que prevalecieron a lo largo del curso**

## A. PREPARACIÓN DEL CURSO

1. ¿Cómo ha sido el tiempo con el que ha contado?
    a. Suficiente
    b. Insuficiente

¿Por qué? _____

2. ¿Cómo considera la distribución de las sesiones del curso?
    a. Adecuadas
    b. Inadecuadas

¿Por qué? _____

3. ¿Ha dispuesto de las guías didácticas del curso?
    a. Sí
    b. No

¿Por qué? _____

4. ¿Ha dispuesto de los recursos necesarios para la preparación de sus sesiones?
    a. Sí
    b. No

¿Cuáles le han hecho falta? _____

5. Teniendo en cuenta su nivel de formación, ¿ha necesitado apoyo por parte de la dirección del curso?
    a. Sí
    b. No

¿Cómo ha sido el apoyo? _____

## B. DESARROLLO DEL CURSO

6. ¿El desarrollo de las sesiones (distribución y tiempo) se ha correspondido con la planificación prevista?
    a. Sí
    b. No

7. ¿La metodología utilizada para el desarrollo de las sesiones ha propiciado la participación e implicación del alumnado?
    a. Sí
    b. No

¿Por qué? _____

Continúa en página siguiente >>

<< Viene de página anterior

---

**Marque la opción que más se adecúe a las características que prevalecieron a lo largo de curso**

---

8. ¿Considera que el clima del curso ha sido el adecuado?
   - a. Sí
   - b. No

¿Por qué? _____

9. ¿El contexto donde se ha desarrollado el curso ha sido adecuado y oportuno?
   - a. Sí
   - b. No

¿Por qué? _____

10. ¿Ha conseguido los objetivos propuestos?
    - a. Sí
    - b. No

¿Por qué? _____

---

## C. AUTOEVALUACIÓN

---

11. Evalúe de 1 a 4 los siguientes apartados relacionados con su intervención como formador, donde:
    1. Considero imprescindible mejorar mi formación en este aspecto.
    2. Considero necesario mejorar mi formación en este aspecto.
    3. Cuento con recursos necesarios para el desarrollo ajustado del curso, pero podría encontrar dificultades si éste cambia el rumbo prefijado.
    4. Mi formación al respecto es adecuada y dispongo de recursos suficientes para el desarrollo óptimo del curso.

|  | 1 | 2 | 3 | 4 |
|---|---|---|---|---|
| Dominio de los contenidos |  |  |  |  |
| Metodología/didáctica empleada |  |  |  |  |
| Comunicación con el alumnado |  |  |  |  |
| Trabajo en equipo |  |  |  |  |

---

## D. AMPLIACIÓN

---

Puede anotar a continuación cualquier aportación que desee realizar y no haya sido considerada en este cuestionario.

_____

_____

---

## 11.6. Tipos de evaluación

Existen diferentes tipos de evaluación, cada una se aplicará atendiendo a diferentes criterios.

**Según su finalidad o función de la evaluación**

*Diagnóstica*

Esta evaluación, como su nombre indica, tiene un carácter diagnóstico, ya que permite que se conozcan las potencialidades del alumno. De esta manera, la actividad didáctica se dirige de forma más efectiva.

*Formativa*

Se utiliza como estrategia para mejorar y ajustar los procesos formativos en el momento que se están llevando a cabo, para alcanzar las metas y los objetivos marcados. La evaluación formativa es aplicable a la evaluación de procesos.

*Sumativa*

Se aplica a la evaluación de productos terminados, es decir, se sitúa concretamente cuando finaliza un proceso, cuando éste se considera acabado. Su propósito es determinar el grado en que se han conseguido los objetivos establecidos, para evaluar de forma positiva o negativa el resultado. Esta evaluación permite tomar medidas tanto a medio como a largo plazo.

**Según el momento de aplicación de la evaluación**

*Inicial*

Se produce al principio del proceso de enseñanza-aprendizaje. La función que tiene la evaluación inicial es identificar el nivel de conocimientos que tienen los alumnos que inician un curso y, de esta manera, comprobar si los alumnos cuentan con los conocimientos necesarios para comenzarlo, y determinar si es posible impartirlo de acuerdo al programa formativo o si se requiere alguna modificación.

### Procesual

La evaluación procesual se basa en valorar, de forma continua, el aprendizaje de los alumnos y la enseñanza del profesor, a través de la recogida sistemática de datos, toma de decisiones, etc.

La evaluación procesual es totalmente formativa, ya que, al favorecer la recogida continua de datos, permite tomar decisiones en el mismo momento que se considere necesario.

Los resultados que se obtienen forman la base permanente para el formador a la hora de programar las actividades diarias, así como para establecer las actividades y los procedimientos más apropiados. De esta manera, se evitan las dificultades que se puedan producir en los aprendizajes que se están llevando a cabo. La finalidad de todo esto es evitar errores y vacíos en los aprendizajes posteriores.

### Final

La evaluación final es aquella que se realiza al finalizar la formación, por lo tanto ésta recoge y valora los resultados obtenidos a lo largo de un periodo formativo.

## Según su extensión

### Global

Tiene en cuenta todos los elementos y procesos que guardan relación con todo lo que es objeto de evaluación. Por ejemplo, si se trata de evaluar el proceso de aprendizaje de los alumnos, esta evaluación se centra en todas las áreas en general, pero sobre todo en los diversos tipos de contenidos de enseñanza (conceptos, procedimientos, valores, normas, etc.).

### Parcial

Esta evaluación no se realiza de manera global, sino que se lleva a cabo por partes, es decir, evalúa los componentes que más interesan.

## Según los agentes que realizan la evaluación

### Autoevaluación o evaluación interna

Es el proceso sistemático mediante el cual una persona o grupo examina y valora sus procedimientos, comportamientos y resultados, para identificar qué quiere corregir o modificar en él. La evaluación interna muestra que los alumnos están más motivados a la hora de realizar una tarea difícil. La puesta en práctica de la autoevaluación no conlleva que el profesorado abandone sus funciones, sino que implica una concepción diferente de la enseñanza.

La autoevaluación ofrece al estudiante ayuda para descubrir sus necesidades, cantidad y calidad de su aprendizaje, causas de sus problemas, dificultades y éxitos en el estudio. De esta manera, el alumno puede conocerse de manera más concreta.

### Heteroevaluación o evaluación externa

La evaluación externa es realizada o llevada a cabo por otra persona que no es el protagonista del aprendizaje. En esta evaluación, lo más frecuente es que el profesor evalúe al alumno.

| TIPOS DE EVALUACIÓN | |
|---|---|
| Según su finalidad o función | - Diagnóstica<br>- Formativa<br>- Sumativa |

Continúa en página siguiente >>

<< Viene de página anterior

| TIPOS DE EVALUACIÓN | |
| --- | --- |
| Según su momento de aplicación | - Inicial<br>- Procesual<br>- Final |
| Según su extensión | - Global<br>- Parcial |
| Según los agentes que la realizan | - Autoevaluación o evaluación interna<br>- Heteroevaluación o evaluación externa |

# Solucionarios de ejercicios de repaso y autoevaluación

# Contenido

Solucionario 1

# Montaje de sistemas telefónicos con centralitas de baja capacidad

Solucionario Capítulo 1

**1. ¿Qué es un BAT?**

Es la toma telefónica, donde se conectan directamente los equipos terminales (teléfonos).

**2. ¿Cuántos registros de toma son necesarios según normativa en un domicilio de 2 baños, 2 salones, 5 dormitorios, 1 sala de estar y 2 pasillos?**

Cuatro.

**3. Indique si las siguientes afirmaciones son verdaderas o falsas:**

    a. RTB y RTC son siglas que se refieren a la red telefónica exterior.

        ☑ **Verdadero**
        ☐ Falso

    b. RTB y RTC son siglas que se refieren a la red telefónica interior.

        ☐ Verdadero
        ☑ **Falso**

    c. RTB se refiere a la red exterior pero RTC a la interior.

        ☐ Verdadero
        ☑ **Falso**

    d. RTC es más extensa que RTB.

        ☐ Verdadero
        ☑ **Falso**

## 4. Complete el siguiente texto:

Con un teléfono conectado al **PTR** en modo prueba, si no se pueden realizar **llamadas,** debe ponerse en contacto con su **compañía telefónica** e informar de la **incidencia.**

En el caso de que se puedan realizar llamadas desde el **PTR** en modo **prueba,** es indicativo de que la línea no presenta **errores,** por lo que cualquier anomalía presentada en la red estará en el **interior.**

## 5. Con una línea contratada, ¿se pueden obtener tres extensiones?

    a. Sí, todas las que se deseen, pudiendo funcionar de forma simultánea.
    b. Sí, pero más de tres no se podría.
    **c. Sí, todas las que se deseen pero solo una tendrá acceso a la RTB.**
    d. No, porque solo se tiene una línea.

## 6. Relacione con respecto al equipo TR1:

    a. Alimentación 230 V.
    b. Interfaces S/T.
    c. Interfaces a1/b1 y a2/b2.
    d. Interfaz U.

    **d.** Entrada línea desde la toma o PTR.
    **c.** Salidas analógicas auxiliares para usar en caso de fallo eléctrico.
    **b.** Salidas para las líneas digitales (RJ45).
    **a.** Entrada de alimentación del equipo.

## 7. Indique si las siguientes afirmaciones son verdaderas o falsas:

    a. Una línea RDSI ofrece mayores velocidades que la analógica.

        ☑ **Verdadero**
        ☐ Falso

    b. La línea analógica ofrece más accesos que una RDSI.

        ☐ Verdadero
        ☑ **Falso**

    c. Los servicios de valor añadido de RDSI dependen del TR1.

       ☑ **Verdadero**
       ☐ Falso

    d. El cableado RDSI interior necesita cuatro hilos.

       ☑ **Verdadero**
       ☐ Falso

**8. Si se tiene una RDSI básica (BRI), ¿hasta cuantas líneas se pueden tener independientes?**

    a. Hasta 30.
    b. Solo una.
    **c. Hasta 2.**
    d. Ninguna.

**9. Complete el siguiente texto:**

En una instalación en **edificios,** la red telefónica del mismo ha sido implementada bajo normativa **ICT.**

Por tanto, se debe localizar en la vivienda el **PAU.**

De dicho **PAU** saldrán **dos** hilos de línea, por lo que es ahí donde debe intercalar una **caja repartidora** y hacer el conexionado en los **bornes** de un **regletero** para ampliar las **extensiones** de voz que se deseen.

**10. El instrumento de medida utilizado en los circuitos eléctricos y electrónicos es:**

    a. Telurómetro
    b. Óhmetro
    **c. Polímetro**
    d. Amperímetro

## Solucionario Capítulo 2

1. Imagine una oficina en donde se necesita un sistema para pasar llamadas, simple, económico, sin necesidad de servicios extra, y que dé cobertura a dos líneas analógicas y tres extensiones. ¿Qué recomendaría?

   **a. Sistema KTS.**
   b. Sistema PBX.
   c. Sistema PBX analógico.
   d. Sistema PBX hibrido.

2. Para dar servicio telefónico a un negocio en donde trabajan cinco empleados, se cuenta con una centralita que se ha quedado pequeña ya que se van a incorporar cinco empleados más. Además se necesita la contratación de una línea telefónica analógica adicional. ¿Cuáles serían los pasos que habría que seguir en el diseño de la solución?

   Comprobar si la central actual tiene ranuras disponibles para tarjetas de expansión, tanto de líneas como de extensión. Siendo necesaria una tarjeta como mínimo para cinco extensiones y una línea.

   En caso afirmativo, realizar las conexiones pertinentes de las extensiones, conectando cada una de ellas a las nuevas tomas RJ45 disponibles en la PBX.

   Para la línea, cablear desde el nuevo PTR, hasta la nueva entrada analógica que proporcione la central.

3. Indique si las siguientes afirmaciones son verdaderas o falsas:

   a. Todas las centralitas se basan en un CPU central que gestiona toda la red.

   ☐ Verdadero
   ☑ **Falso**

   b. La fuente de alimentación de la centralita puede ser mediante baterías.

   ☑ **Verdadero**
   ☐ Falso

c. La PBX dispone de datos necesarios guardados en memorias volátiles.

☐ Verdadero
☑ **Falso**

d. Determinados modelos de PBX no están preparadas para trabajar con el total de extensiones que son capaces de albergar.

☐ Verdadero
☑ **Falso**

**4. Enumere las principales diferencias de las centrales analógicas y digitales.**

▪ Analógicas:

- Uso en redes analógicas (RTB).
- Únicamente trabajan con teléfonos analógicos.
- Conmutación interna.
- Servicios de valor añadido limitados.

▪ Digitales:

- Uso en redes digitales (RDSI e IP).
- Se pueden usar teléfonos analógicos y digitales.
- Conmutación interna o externa mediante switch.
- Servicios de valor añadido variados.

**5. Complete el siguiente texto:**

Un centro de llamadas o *Call Center,* consiste en una dependencia en donde se dispone de un grupo de personas denominadas **teleoperadores** o **agentes,** de forma que se les distribuyen **uniformemente** las llamadas telefónicas de los **clientes** que solicitan algún tipo de **servicio o información.**

6. **Enumere los tres tipos de centralitas más comunes según el tipo de programa con el que han sido fabricadas.**

   ▪ Negocios.
   ▪ Hoteles-hospitales.
   ▪ *Call Center.*

7. **Indique si las siguientes afirmaciones son verdaderas o falsas:**

   a. Todos los teléfonos permiten transferencia de llamadas.

   ☐ Verdadero
   ☑ **Falso**

   b. El servicio ACD es considerado como básico y lo incorporan todas las centrales.

   ☑ **Verdadero**
   ☐ Falso

   c. Existe la posibilidad de conectar un ordenador con PBX y utilizarlo como extensión.

   ☑ **Verdadero**
   ☐ Falso

   d. El CRM hace que disponga de toda la información de un cliente en el momento que está llamando.

   ☐ Verdadero
   ☑ **Falso**

8. **Complete el siguiente texto:**

   En las **PBX IP,** ya no sería la RTB la red usada para realizar llamadas telefónicas. Debido a que ahora se están enviando **datos** se deberá usar una red de **datos** como es **internet.**

   Además, se necesitarán teléfonos **IP,** o integrar **conversores digitales** a teléfonos analógicos para poder integrarlos en esta nueva red.

**9. Indique la respuesta correcta.**

    a. DISA hace que pueda tener mensajería unificada.

    b. Con el servicio DISA se tienen llamadas directas a extensiones.

    **c. El servicio DISA invita a contactar con una extensión mediante una locución.**

    d. DISA solo está disponible en centralitas IP.

**10. Indique si las siguientes afirmaciones son verdaderas o falsas:**

    a. La PBX puede contar los pulsos que viajan por sus circuitos y por ello dispone del servicio de integración.

        ☐ Verdadero
        ☑ **Falso**

    b. La PBX puede contar los pulsos que viajan por sus circuitos y por ello dispone del servicio de medidas de tráfico.

        ☐ Verdadero
        ☑ **Falso**

    c. El listín telefónico ayuda a mantener una agenda de contactos unificada en la empresa.

        ☑ **Verdadero**
        ☐ Falso

    d. El listín telefónico hace que se pueda marcar por voz.

        ☑ **Verdadero**
        ☐ Falso

Solucionario Capítulo 3

1. **Se etiqueta un cable conectado al ordenador de dirección como 'PC DIRECCIÓN'. ¿Es correcto ese etiquetado? ¿Por qué?**

No, porque no es recomendable la utilización de un sistema de etiquetado con relación a un momento concreto. Si ese PC cambia el lugar del edificio en donde se ubica habría que cambiar también el etiquetado. Se debe etiquetar cada extremo del cable haciendo referencia al camino que está siguiendo, indicando de la roseta que sale y en la que termina.

2. **Complete la siguiente frase:**

El tubo **rígido** es la opción de superficie para las instalaciones en las que no se permita **empotrar,** y la **visibilidad** de la canalización no presente un problema, siendo los entornos **industriales** los más apropiados para esta canalización.

3. **Indique si las siguientes afirmaciones son verdaderas o falsas:**

   a. Los tubos corrugados se usan en instalaciones que se permita empotrar.

   ☑ **Verdadero**
   ☐ Falso

   b. Los tubos rígidos se usan en instalaciones que se permita empotrar.

   ☐ Verdadero
   ☑ **Falso**

   c. Las canaletas son canalizaciones de superficie y se usan normalmente en oficinas.

   ☑ **Verdadero**
   ☐ Falso

4. ¿Con cuál de las siguientes herramientas es obligatorio el uso de gafas protectoras?

    **a. Taladro**
    b. Alicates
    c. Destornillador
    d. Crimpadora

5. Relacione cada tipo de fijación con el tipo de canalización en donde se emplea:

    a. Estructuras y soportes.
    b. Abrazadera.
    c. Collares.
    d. Grapas.
    e. Fijaciones químicas.
    f. Tornillería.

    **b.** Como fijación de tubo corrugado.
    **a.** Dispuestas en sótanos de grandes superficies.
    **d.** Como fijación de cable paralelo bifilar sin canalizar.
    **c.** Como fijación a techo de tubo rígido.
    **f.** Como fijación de regletas.
    **e.** Como fijación de canaletas.

6. Indique si las siguientes afirmaciones son verdaderas o falsas:

    a. El martillo de goma se usará en cualquier tipo de canaleta.

        ☑ **Verdadero**
        ☐ Falso

    b. Para sujetar las fijaciones solo se necesitará destornillador.

        ☐ Verdadero
        ☑ **Falso**

    c. El taladro es imprescindible en canalizaciones con tubo corrugado.

        ☐ Verdadero
        ☑ **Falso**

    d. El tubo corrugado es el idóneo para empotrar

       ☑ **Verdadero**
       ☐ Falso

7. **En una instalación de oficinas necesitan que no se vea la canalización de la instalación de telefonía, ¿qué se debe hacer?**

    a. Empotrar canaletas ya que su fijación es la más eficaz.
    b. Hacer regolas para empotrar tubo PVC.
    c. **Hacer regolas para empotrar tubo corrugado.**
    d. Grapar cable y esconderlo tras marcos de ventanas y puertas.

8. **Complete la siguiente frase:**

Para el tendido de cableado a través canalización formada por **tubos** se necesita de una herramienta auxiliar denominada **guía**.

La herramienta dispone de **dos** puntas, una **flexible** y metálica que será la encargada ir **guiando** y abriendo camino al cable a lo largo de toda la canalización, y otra, en la que existe un terminal que hará la función de **sujeción** y anudado del **cable**.

9. **Relacione las siguientes herramientas con su función:**

    a. Guía.
    b. Martillo de carpintero.
    c. Martillo de goma.
    d. Destornillador.
    e. Crimpadora.
    f. Escalera.

    **a.** Tirada de cableado en tubos.
    **d.** Conexionado de cableado.
    **c.** Tirada cableado canaleta.
    **b.** Tirada de cableado con grapas.
    **f.** Uso múltiple.
    **e.** Conexionado cableado.

10. ¿Qué tipo de cable se podría usar para una instalación de voz para dar servicio a un edificio entero de 25 viviendas? ¿Por qué?

Cable multipar, debido a que en un solo cable se podría incluir hasta 50 pares de hilos, usando 2 para cada vivienda soportaría las 25 instalaciones a realizar.

Solucionario Capítulo 4

1. **¿Es aconsejable el uso de cajas repartidoras en una centralita para una línea y tres extensiones? ¿Por qué? ¿Cuándo se aconseja su uso?**

   No es aconsejable, porque tanto caja repartidora, como centralita comparten la funcionalidad de multiplicar líneas y extensiones, y en instalaciones tan pequeñas o una u otra, pueden proporcionar dicha funcionalidad de forma independiente.

   Para instalaciones de más de 10 extensiones, si sería aconsejable, como medio de centralización y ordenado de todo el cableado en un punto.

2. **Complete la siguiente frase:**

   Si lo que se desea es **desconectar** una **extensión** asociada a una **línea,** previamente conexionadas mediante un **regletero,** existe una **herramienta** que provoca un **corte** de la conexión interna de los bornes **superiores** con los inferiores que unen ambas.

3. **Indique si las siguientes afirmaciones son verdaderas o falsas:**

   a. Los bornes superiores e inferiores de un regletero están conectados internamente.

   ☑ **Verdadero**
   ☐ Falso

   b. Con tres puentes en un regletero se puede multiplicar una línea para realizar tres llamadas simultáneas.

   ☐ Verdadero
   ☑ **Falso**

   c. La entrada de línea digital a la instalación la aporta la interfaz S/T del TR1.

   ☑ **Verdadero**
   ☐ Falso

d. El TR1 recibe la línea del exterior mediante dos hilos desde un PTR o PAU.

☑ **Verdadero**
☐ Falso

4. **En la comprobación de puesta a tierra, ¿cómo sería la medición correcta?**

a. Si entre neutro y fase se obtienen 230 V la conexión a tierra es correcta.
b. **Para que la conexión a tierra sea correcta se deben tener menos de 3 V entre neutro y tierra.**
c. Si entre fase y tierra se obtienen 120 V la conexión a tierra es correcta.
d. Para que la conexión a tierra sea correcta se deben tener menos de 230 V entre neutro y fase.

5. **El cable que identifica el conductor de puesta a tierra es:**

a. El de color azul.
b. El de color negro.
c. El de colores rojo y negro.
d. **El de colores verde y amarillo.**

6. **Relacione cada descripción con el tipo de función para las llamadas externas:**

a. Permiten realizar llamadas consecutivas al mismo interlocutor externo.
b. Permiten contestar una llamada que está sonando en otro teléfono.
c. Pulsando la tecla adecuada se podrán atender llamadas directamente mediante esta funcionalidad sin tener que descolgar el teléfono.
d. Dan al sistema la posibilidad de almacenar los números de teléfono utilizados más frecuentemente, para que sean marcados de forma más rápida.
e. Mediante las que se realizan y reciben llamadas de usuarios externos.

**e.** Llamadas básicas.
**c.** Contestar con manos libres.
**b.** Captura de llamadas.
**d.** Marcaciones automáticas.
**a.** Rellamadas.

**7. Complete la siguiente frase:**

El medio más fiable para comprobar la operatividad de las **líneas** instaladas en la centralita será el provocar un número de **llamadas simultáneas** igual al número de **líneas entrantes** en el equipo, además de la comprobación de forma **independiente,** de la posibilidad de **envío** y **recepción** de llamadas por cada **línea** existente en el sistema.

**8. Indique si las siguientes afirmaciones son verdaderas o falsas:**

a. Los *drivers* son necesarios para que el PC pueda comunicarse con cualquier periférico.

&#9745; **Verdadero**
&#9633; Falso

b. Los *drivers* permiten la realización de llamadas desde el PC.

&#9633; Verdadero
&#9745; **Falso**

c. Los *drivers* hacen la función de 'traductor' para que dos equipos puedan llegar a entenderse.

&#9745; **Verdadero**
&#9633; Falso

d. Los *drivers* son programas informáticos.

&#9745; **Verdadero**
&#9633; Falso

**9. En lo referente a las pruebas finales de una instalación de telefonía se considerarán satisfactorias si...**

a. ... cada elemento funciona correctamente de forma individual.
**b. ... cada elemento funciona correctamente de forma individual y de forma colectiva interactuando con el resto.**

c. ... cada elemento funciona correctamente de forma colectiva interactuando con el resto.

d. ... funcionan los servicios instalados, ya que serían los elementos más sofisticados.

**10. ¿Es necesario realizar esquemas de conexionado e instalación, aún sabiendo que en una instalación determinada no se van a producir cambios, ni otras empresas instaladoras van a intervenir en ella?**

Sí. Siempre es obligatorio realizar esquemas de planos y conexionados de cableado, aunque no se prevean modificaciones ni ampliaciones en la instalación. Esta información, ante cualquier error, fallo o avería ajena, ayudaría a la empresa instaladora a intentar solventar el problema, por lo que la información de cómo se entregó la instalación en su día será de vital importancia.

Solucionario 2
# Mantenimiento de sistemas telefónicos con centralitas de baja capacidad

Solucionario Capítulo 1

**1. ¿De qué tratan los mantenimientos preventivos y correctivos?**

Los mantenimientos preventivos tratan de alargar la vida útil de los sistemas y mantenerlos en óptimas condiciones durante ese tiempo.

Los mantenimientos correctivos tratan de solucionar los fallos producidos en los sistemas.

**2. ¿Pueden los mantenimientos preventivos disminuir los correctivos?**

    a. No, no tienen relación.
    b. Sí, siempre.
    **c. Sí, siempre que estén bien planificados.**

**3. ¿Por qué es importante la planificación de las fases de trabajo en la gestión del mantenimiento?**

    a. Porque es importante tener todos los medios ocupados.
    b. Porque es importante tener todos los medios disponibles.
    **c. Porque es importante realizar una gestión acorde con los sistemas a mantener.**

**4. ¿Es necesario sustituir tarjetas electrónicas en los mantenimientos preventivos?**

Relacione los siguientes apartados correctamente:

    a. Sí, ...
    b. No, ...
    c. Dependerá...

    **c.** ... de las especificaciones del fabricante.
    **b.** ... si esta funciona correctamente.
    **a.** ... en el caso en el que se detecte un mal funcionamiento.

5. **Si una tarjeta electrónica no viene embalada en una bolsa antiestática...**

    a. ... se puede manipular sin prevención de ningún tipo.
    b. **... se debe usar siempre la pulsera antiestática.**
    c. ... se hará lo que la experiencia dicte.

6. **¿Qué funciones debe tener un multímetro?**

    Relaciona los siguientes apartados correctamente:

    a. Que integre las...
    b. Será indistinto que tenga integradas las...
    c. No será importante que tenga las...

    **b.** ... pinzas en el cuerpo del equipo.
    **c.** ... funciones de medida de tensiones en alterna, continua y resistencia.
    **a.** ... funciones que no sean de utilidad.

7. **¿Qué funciones tiene la tenaza crimpadora? ¿Qué función tiene un comprobador de cableado?**

    La tenaza crimpadora es imprescindible para realizar el conectorizado.

    El comprobador de cableado verifica el conectorizado y cableado extremo a extremo, es decir, incluye tanto el cable como los conectores correspondientes.

8. **¿Para qué sirve un trazador de cableado?**

    a. Para medir la distancia de los cables.
    b. **Para seguir el trazado del cable sin contacto físico.**
    c. Para seguir el trazado del cable con contacto físico.

9. **Complete la siguiente frase:**

    La clavija de **corte** es utilizada para **seccionar** o diferenciar dos partes distintas donde existen **regletas** de distribución de telefonía **instaladas**.

**10. Seleccione qué indican las figuras siguientes.**

a. Peligro de sufrir desgarros.
b. No manipular sin guantes.
**c. Susceptible de descargas electrostáticas.**

a. Usar siempre pulsera antiestática.
b. No usar pulsera antiestática.
**c. Dispositivos protegidos contra descargas electrostáticas.**

## Solucionario Capítulo 2

1. **Al medir la corriente alterna la posición de las pinzas será:**

    a. La pinza negra en la fase.
    b. La pinza negra en el neutro.
    c. **La posición de las pinzas es indistinta, ya que la corriente alterna no tiene polaridad.**

2. **Al medir la corriente continua la posición de las pinzas será:**

    a. La pinza negra en la parte positiva a medir.
    b. **La pinza negra en la parte negativa a medir.**
    c. Todas las opciones son incorrectas.

3. **¿Qué indica el rango de medida de una magnitud física en el polímetro?**

    La lectura del valor máximo de esa magnitud que se puede medir.

4. **El telurómetro mide la resistencia...**

    a. ... de los conductores.
    b. ... de fase y neutro.
    c. **... de tierra.**

5. **¿Qué es la puesta a tierra?**

    Es la conexión eléctrica entre la tierra o punto de potencial de referencia y los cables conductores.

6. **¿Para qué es importante la puesta a tierra en las instalaciones eléctricas?**

    Sobre todo para la seguridad de las personas.

7. **Los comprobadores de red interior de telefonía...**

   a. ... realizan comprobaciones básicas en el cableado.
   b. ... realizan comprobaciones avanzadas en el cableado.
   **c. Todas las opciones son correctas.**

8. **Relacione las siguientes respuestas:**

   a. Resistencia en corriente continua.
   b. Resistencia de aislamiento.

   **a.** Es la que presenta la línea cuando se encuentra cortocircuitada.
   **b.** Es la que presentan las líneas entre sí en circuito abierto.

9. **Señale la respuesta incorrecta. La resistencia de aislamiento se mide:**

   **a. ... entre los dos cables del mismo par.**
   b. ... entre los cables de distintos pares.
   c. ... entre los cables de distintos pares y tierra.

10. **En lo que al mantenedor de equipos telefónicos concierne, tan solo tendrá en cuenta si el material adquirido para realizar las instalaciones cumple con una normativa. Indique a qué normativa se refiere.**

   Las normas UNE referidas en el R. D. 346/2011 Anexo II.

## Solucionario Capítulo 3

1. **¿Qué tipo de tecnologías se pueden encontrar en la red de interior de los sistemas de telefonía?**

    a. Tecnología cableada.
    b. Tecnología inalámbrica.
    c. **Las dos opciones son correctas.**

2. **La ampliación de un sistema puede estar originado por...**

    a. ... una ampliación en el cableado.
    b. ... una ampliación en los servicios.
    c. **Las dos opciones son correctas.**

3. **Complete la siguiente afirmación:**

    Mediante el uso de la **clavija** de corte y el cable de **corte** y prueba se realizarán todas las **comprobaciones** necesarias. Con posterioridad se podrán efectuar tantas **verificaciones** como sean precisas asegurando la total fiabilidad del **sistema** mediante el uso de las regletas de pares **IDC.**

4. **¿A qué tipo de canal corresponde la siguiente imagen? Identifique los componentes.**

    Canal con tapa protectora.

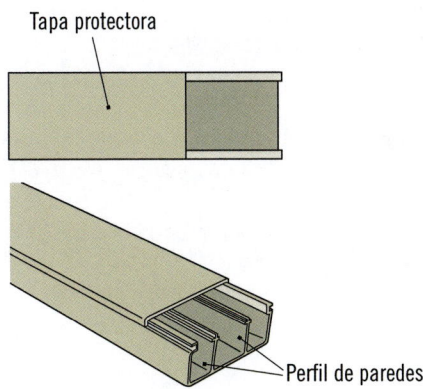

Tapa protectora

Perfil de paredes

5. **¿Qué características se le pedirán a un sistema de conducción guiado? Relacione las siguientes frases:**

   a. Si son realizados en superficie.
   b. Si son realizados en montaje empotrado en paredes.
   c. Si son realizados en montaje empotrado en hormigón.

   **b.** Deberán tener resistencia al impacto ligera.
   **a.** Deberán tener resistencia a la compresión media.
   **c.** Deberán tener resistencia al impacto media.

6. **En general, las características físicas que se deben exigir a los sistemas de conducción serán:**

   a. Las que en cada circunstancia sean más adecuadas a la instalación a realizar.
   b. Lo más importante es que sean no propagadores de la llama.
   c. **Las indicadas en el Reglamento Electrotécnico de Baja Tensión.**

7. **¿Qué importancia tienen los registros de distribución entre la centralita y la red de interior? Relacione las siguientes frases:**

   a. Confiere mayor flexibilidad...
   b. En caso de no instalarse las regletas IDC...
   c. En caso de instalarse las regletas IDC...

   **a.** ... al sistema si se instalan en ellos las regletas de conexión IDC.
   **c.** ... facilita todas las labores de mantenimiento, ampliaciones y modificaciones.
   **b.** ... no se le confiere mayor flexibilidad.

8. **¿Cuál será la altura, como norma general, a la que se sitúan todos los equipamientos de fijación (cajas distribución, rosetas, equipos, etc.)?**

   Por encima de los 30 cm del suelo. En casos particulares en zonas con riesgo de inundación se elevarán estas adecuadamente.

**9. ¿Cuáles son las herramientas necesarias para realizar fijaciones?**

Las herramientas necesarias parar realizar las fijaciones serán:

- Metro para realizar replanteo (altura, dimensiones, etc.).
- Nivel para asegurar la horizontalidad de los equipos.
- Taladro eléctrico.
- Pequeño material como tacos y tornillos (generalmente con tacos de 6 mm de diámetro suele ser suficiente para este tipo de instalaciones junto con sus tornillos).

**10. ¿Cómo se llama el tipo de centralita que no requiere configuración?**

Son de las denominadas *Plug And Play*, que traducido al castellano significa "enchufar y usar", donde solo es necesario conectar las líneas de extensión y las líneas de entrada y actuar según indica el manual de usuario.

Solucionario Capítulo 4

1. **¿Qué tipo de sistemas de alimentación suplementaria se pueden encontrar en telefonía?**

    a. Baterías externas.
    b. Equipos SAI.
    **c. Las dos opciones son correctas.**

2. **¿Qué puede originar la falta de alimentación eléctrica?**

    a. La falta de previsión.
    **b. Averías internas en la instalación eléctrica propia.**
    c. Una mala puesta a tierra.

3. **Complete la siguiente frase:**

    En general se debe tener en cuenta que los equipos **electrónicos** con opción a alimentación **suplementaria** mediante el uso de baterías **externas** indicarán las características que deben tener estas, en **voltaje** y en capacidad de almacenar **energía.**

4. **Relacione las siguientes frases:**

    a. Fallos en las extensiones.
    b. Fallos en los terminales.
    c. Fallos en las tarjetas.

    a. Pueden ser averías *hardware y software.*
    **b.** Pueden ser averías *hardware.*
    **c.** Pueden ser averías *firmware.*

5. **¿A qué puede ser debido un fallo de configuración?**

    a. A un error accidental producido en el teléfono de la operadora.
    b. A un error en la tarjeta de memoria externa.
    **c. Las dos opciones son correctas.**

6. **Relacione las siguientes frases:**

   a. Sustituciones de tarjetas.
   b. Actualizaciones *firmware.*
   c. Actualizaciones de la fuente de alimentación.

   **a.** Pueden ser incompatibles en el sistema.
   **c.** Pueden mejorar el funcionamiento del sistema.
   **b.** Pueden ofrecer nuevos servicios.

7. **Complete la siguiente frase:**

   Las centralitas **modulares** están formadas por una serie de **tarjetas** electrónicas, y son de mayor **capacidad** que las no modulares. Este tipo de _____ pretenden dar flexibilidad a las necesidades de los **usuarios.**

8. **Complete la siguiente frase:**

   En la tarjeta **controladora** está el **procesador** de la centralita, en ella es donde reside el *software* de la central, la **memoria** de configuración del sistema, el *reset* del equipo y una batería **interna** de guardado de datos. Suele haber una única controladora.

9. **Los fallos de cortes en las líneas de transmisión...**

   a. ... son producidos en las líneas exteriores del sistema.
   b. ... son producidos en las líneas interiores del sistema.
   c. **Las dos opciones son correctas.**

10. **¿Qué tipo de conexiones son muy fiables porque disponen de unas abrazaderas de fijación que le otorgan mucha seguridad en la conexión?**

    a. RJ-17.
    b. **RJ-21.**
    c. RJ-200.

## Solucionario Capítulo 5

**1. ¿Cuáles son las características más importantes de las tomas *Schuko?***

La robustez de las conexiones conseguidas y la toma de tierra.

**2. En las conexiones de tierra...**

    a. ... es suficiente la toma de tierra del enchufe.
    b. ... es necesaria una conexión de tierra en los chasis de los equipos.
    **c. ... en algunas ocasiones van tanto en las tomas de corriente, como en los chasis de los equipos e incluso en las canales conductoras si estas son metálicas.**

**3. Complete la siguiente frase:**

Los llamados **puntos** de puesta a tierra del **recinto** tienen la funcionalidad de ejercer como punto principal de **distribución** de las tierras referentes a todo el equipamiento de **telecomunicaciones**. Está compuesto por una barra de cobre llamada **equipotencial**.

**4. Indique si las siguientes afirmaciones son verdaderas o falsas:**

    a. Las tensiones de red eléctrica son de corriente continua.

        ☐ Verdadero
        ☑ **Falso**

    b. Las tensiones de las baterías son de corriente continua.

        ☑ **Verdadero**
        ☐ Falso

    c. Las tensiones en las líneas externas son de corriente alterna.

        ☐ Verdadero
        ☑ **Falso**

d. Las tensiones en las líneas internas son de corriente continua.

☑ **Verdadero**
☐ Falso

5. **Relacione las siguientes frases entre sí:**

    a. Para evitar tensiones mecánicas en las centralitas compactas...
    b. Para evitar tensiones mecánicas en las centralitas modulares...
    c. Para evitar tensiones mecánicas en los conectores RJ-21...

    **b.** ... se disponen de guías a tal efecto en el propio equipamiento.
    **a.** ... se le hace al cable una espiral o coca para que las absorba.
    **c.** ... se le dispone de unas pestañas de fijación que le dotan de robustez mecánica.

6. **¿Qué valor de tensión se obtiene al acoplar tres baterías de 12 V en paralelo?**

    12 V.

7. **¿Qué valor de tensión se obtiene al acoplar tres baterías de 12 V en serie?**

    36 V.

8. **Respecto a la resistencia eléctrica...**

    a. ... un circuito abierto presenta una resistencia muy pequeña.
    b. ... un circuito cerrado presenta una resistencia muy elevada.
    **c. Todas las opciones son incorrectas.**

9. **Complete las siguiente frase:**

Como norma general los operadores instalan los **PTR** en las zonas **comunitarias** de los edificios, en unos armarios o recintos destinados precisamente a facilitar la acometida de los operadores hasta el **interior** de las edificaciones. Estos son denominados "Recintos de Instalaciones de Telecomunicaciones" o por sus siglas **RIT.**

**10. Indique si las siguientes afirmaciones son verdaderas o falsas:**

a. Los conectores RJ11 se encuentran en los fax.

☑ **Verdadero**
☐ Falso

b. Los conectores RJ6 se encuentran tanto en las tomas de teléfono como en los datáfonos.

☐ Verdadero
☑ **Falso**

c. Los conectores RJ21 se pueden encontrar en las centralitas de cierta capacidad como conector de salida de las líneas de extensión.

☑ **Verdadero**
☐ Falso

Solucionario Capítulo 6

1. **Describa el proceso que se debe seguir para la elaboración de un informe de reparación.**

Es un proceso en el que se describen todas las partes que en entran juego en la resolución de la avería:

- Se anotará el mensaje dejado por el cliente de la incidencia.
- Se contabilizarán los tiempos dedicados a resolver cada una de las partes del sistema averiado.
- Se contabilizarán las personas que han actuado en la reparación y las actividades que han realizado cada una de ellas.
- Se anotarán los medios necesarios usados para llevar a cabo la reparación.
- Se contabilizarán los materiales reemplazados.
- Se dejará constancia del problema y de la causa que lo pudo provocar.

2. **En la elaboración del informe de reparación...**

a. ... el uso de plantillas confeccionadas hace que dichos informes sean muy versátiles.
b. **... el uso de informes confeccionados a partir de una herramienta informática específica facilita la organización y agiliza la comunicación.**
c. Todas las opciones son incorrectas.

3. **Complete el siguiente texto:**

Se deberán almacenar tantos **planos** como sean necesarios y con tantas **notas** y **aclaraciones** como se precisen.

Hay que tener cuidado de no caer en el error de **repetir** la información, porque se suelen producir **contradicciones** debidas a que en unas partes se realizaron las actualizaciones **correctamente** y en otras no se llegaron a efectuar.

4. **Indique si las siguientes afirmaciones son verdaderas o falsas:**

a. A diferencia de los esquemas los planos hacen referencia concretamente al equipamiento eléctrico y electrónico, al conexionado de este y su configuración.

   ☐ Verdadero
   ☑ **Falso**

b. A diferencia de los planos los esquemas hacen referencia concretamente al equipamiento eléctrico y electrónico, al conexionado de este y su configuración.

   ☑ **Verdadero**
   ☐ Falso

c. Se pueden realizar los planos mediante la utilización de imágenes que sugieran los elementos de la red.

   ☐ Verdadero
   ☑ **Falso**

d. Se pueden realizar los esquemas mediante la utilización de imágenes que sugieran los elementos de la red.

   ☑ **Verdadero**
   ☐ Falso

5. **Relacione las siguientes frases entre sí:**

a. Mantenimientos preventivos.
b. Mantenimientos integrales.

**a.** Se revisa el funcionamiento del sistema periódicamente.
**b.** Cubren al sistema completo ante cualquier circunstancia.

**6. ¿Qué tipo de regulación existe en la venta de bienes de consumo?**

Existe una legislación que regula todo el proceso, la Ley General para la Defensa de los Consumidores y Usuarios y otras leyes complementarias. En esta quedan perfectamente reguladas todas las acciones existentes entre consumidores y vendedores.

**7. En las garantías comerciales...**

    a. ... hay un período mínimo de cobertura.
    **b. ... hay un período de cobertura que depende del fabricante.**
    c. ... solo si se paga se da cobertura.

**8. Indique si las siguientes frases son verdaderas o falsas:**

    a. Parámetros ajustables. Son los referentes a las tensiones de la red eléctrica, la línea de acometida externa y la resistencia de tierra.

        ☐ Verdadero
        ☑ **Falso**

    b. Parámetros no ajustables. Son los referentes a las tensiones de la red eléctrica, la línea de acometida externa y la resistencia de tierra.

        ☑ **Verdadero**
        ☐ Falso

**9. Complete el siguiente texto:**

Cuando se dé la **circunstancia** de tener que elaborar una oferta o presupuesto de una **instalación, ampliación** o **corrección** de un sistema se debe prestar especial atención a la **organización** de este. Hay que tener en cuenta que la persona que estudia el tema generalmente no posee conocimientos **técnicos** al respecto y le resultará complejo su entendimiento.

10. **Indique si las siguientes afirmaciones son verdaderas o falsas:**

a. Los presupuestos descompuestos por conceptos son muy útiles para las instalaciones.

☐ Verdadero
☑ **Falso**

b. Los presupuestos por partidas son para proyectos de gran envergadura.

☐ Verdadero
☑ **Falso**

c. Los presupuestos por partidas son muy apropiados para las instalaciones, ampliaciones o mantenimientos.

☑ **Verdadero**
☐ Falso

# Prevención de riesgos laborales y medioambientales en el montaje y mantenimiento de instalaciones eléctricas en telefonía

Solucionario Capítulo 1

**1. Ordene la frase para formar la definición de salud, dada por la Organización Mundial de la Salud.**

El completo estado ausencia de de bienestar la mera y no enfermedad físico, mental y social.

El completo estado de bienestar físico, mental y social, y no la mera ausencia de enfermedad.

**2. ¿A través de que dos tipos de actividades lleva a cabo su misión principal el INSST?**

- Análisis y estudio de las condiciones de seguridad y salud en el trabajo.
- Promoción y apoyo a la mejora de las condiciones de seguridad y salud en el trabajo.

**3. Complete la siguiente frase:**

Para desempeñar un puesto de **trabajo** en plenas **facultades,** es requisito indispensable mantener unos niveles de **salud** que permitan mantener al **trabajador** en el más alto nivel de **bienestar** físico, **mental** y **social.**

**4. Relacione cada concepto con su significado:**

- a. Riesgo.
- b. Subestándar.
- c. Peligro.
- d. Accidente.
- e. Incidente.

**b.** Son los hechos realizados sin seguir la norma correcta.

**a.** Posibilidad de sufrir un accidente o una enfermedad laboral.

**d.** Suceso que es provocado por una acción repentina que da lugar a una lesión corporal.

**e.** Cuando se puede frenar el hecho que va a provocar el accidente, se provoca un incidente.

**c.** Es la situación anormal que puede producir accidentes no solo en las personas, si no en dispositivos materiales.

**5. Indique si las siguientes afirmaciones son verdaderas o falsas.**

a. El trabajo puede influir en la salud tanto positiva como negativamente.

☑ **Verdadero**
☐ Falso

b. El empresario ha de ser consciente de que debe invertir en seguridad, y ello provocará un aumento de los rendimientos.

☑ **Verdadero**
☐ Falso

c. Trabajo y salud pueden desarrollarse sin interrelacionarse.

☐ Verdadero
☑ **Falso**

d. Se asume que los medios materiales, instalaciones y equipos de la empresa son fuente de riesgos.

☐ Verdadero
☑ **Falso**

**6. Relacione los siguientes factores según sean factores físicos, mecánicos, biológicos, personales o socio-empresariales:**

- Acústicos.
- Psicosociales.
- Radiaciones.
- Mecánicos.
- Adecuacionales.
- Eléctricos.
- Culturales.
- Agentes líquidos.
- Aerosoles sólidos o líquidos.
- Agentes sólidos.
- Bacterias.
- Gases y vapores.
- Virus.
- Atmosféricos.
- Vibraciones.

- Parásitos.
- Fisiológicos.
- Hongos.
- Psicológicos.
- Formativos.
- Ópticos.

SOLUCIÓN

- Factores físicos:

  - Mecánicos.
  - Eléctricos.
  - Ópticos.
  - Atmosféricos.
  - Acústicos.
  - Vibraciones.
  - Radiaciones.

- Factores químicos:

  - Agentes sólidos.
  - Agentes líquidos.
  - Aerosoles sólidos o líquidos.
  - Gases y vapores.

- Factores biológicos:

  - Bacterias.
  - Virus.
  - Parásitos.
  - Hongos.

- Factores personales:

  - Fisiológicos.
  - Psicológicos.
  - Psicosociales.

■ Socio-empresariales:

I Formativos.
I Culturales.
I Adecuacionales.

**7. El Real Decreto 1299/2006 clasifica las enfermedades profesionales en ...**

a. ... 3 grupos.
b. ... 4 grupos.
c. ... 5 grupos.
**d. ... 6 grupos.**

**8. Identifique los procesos que faltan en el estudio de cada riesgo:**

**9. Señale la afirmación correcta en relación a la Ley de Prevención de Riesgos Laborales.**

a. Está compuesta por 6 capítulos y 54 artículos.
b. La reforma más importante de la ley implicó su integración en el tejido empresarial y data de 1995.
**c. La ley recoge todas las actuaciones y acciones que se dispongan en materia de prevención.**
d. Su fundamento se basa en las normativas aplicables a empresarios.

**10. ¿Podría destacar alguna diferenciación entre accidente y enfermedad profesional? ¿Qué consecuencias acarrearían la enfermedad?**

El accidente podría considerarse como un acontecimiento inesperado y casi de inmediato, mientras que la enfermedad profesional aparece tras un tiempo de exposición del trabajador al agente que la origina.

Este hecho conlleva dos consecuencias muy graves:

- Cuando se detecta, la enfermedad ya está bien arraigada en el trabajador.
- Al haber transcurrido tanto tiempo desde su origen, la relación causa-efecto será difícil de determinar, y por lo tanto, el motivo concreto que la originó no quedará claro *a priori*.

## Solucionario Capítulo 2

1. **Complete la siguiente frase:**

Las **herramientas** y **equipos** utilizados en las instalaciones son los utensilios simples, cuyo funcionamiento es **accionado** única y exclusivamente por el **esfuerzo** físico del **hombre,** sin considerar en este conjunto al equipamiento accionado por **energía eléctrica.**

2. **Entre los siguientes, señale los riesgos derivados de la manipulación de herramientas:**

    a. Proyección de elementos de la máquina por rotura.
    b. Proyección del material trabajado.
    **c. Proyecciones de partículas a los ojos.**
    d. Peligro térmico.
    **e. Cortes y pinchazos.**
    **f. Golpes y caídas.**
    g. Peligro por vibraciones.
    **h. Chispas.**

3. **Relacione cada tipo de peligro con su característica principal:**

    a. Son los causados por los posibles elementos físicos que pudiera integrar la instalación o el sistema.
    b. Quemadura por contacto con partes en tensión.
    c. Quemaduras por contacto con objetos o materiales calientes.
    d. Pueden causar pérdida de la agudeza auditiva.

    **b.** Peligro eléctrico.
    **d.** Peligro por ruido.
    **a.** Peligro mecánico.
    **c.** Peligro térmico.

**4. Indique si las siguientes afirmaciones son verdaderas o falsas:**

a. Para realizar trabajos de mantenimiento de un sistema, debe consultarse antes el libro de instrucciones que acompaña a los mismos.

☑ **Verdadero**
☐ Falso

b. La certificación de un sistema (marcado CE) indica que cumple con las condiciones generales de seguridad.

☑ **Verdadero**
☐ Falso

c. Las vibraciones muy intensas pueden dar lugar a fuertes cargas mentales.

☐ Verdadero
☑ **Falso**

d. El mal diseño de una instalación ocasionará pérdidas productivas en la empresa, pero nunca peligros.

☐ Verdadero
☑ **Falso**

**5. Exponga las cuatro principales causas que puedan derivar en fatiga mental para un trabajador:**

a. Demasiada cantidad de información recibida.
b. Complejidad del trabajo exigido.
c. Imposición de finalización de trabajos en muy poco periodo de tiempo.
d. Poco descanso entre la realización de los trabajos.

**6. Diga el tipo de riesgo que corresponde con dada señal:**

| ¡ATENCIÓN! ALTA TEMPERATURA | RIESGO DE RADIACIÓN | PELIGRO PRODUCTOS TÓXICOS |

PELIGRO RIESGO DE INCENDIO LÍQUIDOS INFLAMABLES          RIESGO BIOLÓGICO

**7. Complete la siguiente frase:**

La protección **individual** es la destinada a proteger al trabajador de forma individual, en base a una serie de **equipos** y **complementos** que este debe de adoptar y llevar en su **cuerpo.** Estos equipos, también conocidos como **EPI,** no evitan los **riesgos,** sino que sirven para atenuar los **daños** de los mismos en caso de que se produzcan.

**8. Señale la afirmación incorrecta de las siguientes consideraciones sobre la señalización:**

    a. Debe atraer la atención de los trabajadores de una forma clara y rápida.
    b. Exponer mensajes claros del peligro en cuestión.
    **c. Nunca deben exponer consejos del modo de actuación según el peligro, ya que para eso están los simulacros.**
    d. Debe estar fabricada de materiales resistentes a condiciones industriales.

**9. ¿Cuáles son los colores empleados en seguridad?**

Rojo, amarillo, verde y azul.

| | |
|---|---|
| Parada<br>Prohibición<br>Lucha contra incendios | Situación de seguridad<br>Primeros auxilios |
| Atención<br>Zona de peligro | Obligación<br>Indicaciones |

**10. Los peligros causados por los posibles elementos físicos se agrupan dentro de:**

**a. Peligros mecánicos**
b. Peligros térmicos
c. Peligros eléctricos
d. Peligros técnicos

## Solucionario Capítulo 3

1. **Marque con una T los accidentes en los que la herramienta o material proyecta contra el trabajador, con una M, en los que es el trabajador es quien impacta contra el material, y con una I, en los que el movimiento es indeterminado.**

   **I.** Sobreesfuerzo.
   **M.** Contacto.
   **T.** Proyecciones.
   **M.** Corte.
   **T.** Atrapamiento.
   **M.** Caída al mismo nivel.
   **M.** Caída a distinto nivel.
   **T.** Golpe.
   **I.** Exposición.

2. **¿Cuál es el orden de las constantes vitales a comprobar en la evaluación primaria del accidentado?**

   a. Consciencia, pulso, respiración.
   b. Pulso, respiración, consciencia.
   **c. Consciencia, respiración, pulso.**
   d. Pulso, consciencia, respiración.

3. **¿Podría explicar brevemente las actuaciones necesarias en primeros auxilios?**

   Protocolo PAS:

   - Proteger: antes de cualquier actuación sobre el accidentado es necesario cerciorarse de que tanto el individuo como las personas que se van a disponer a socorrerlo quedan fuera de peligro.
   - Avisar: en la medida de lo posible se debe avisar a los servicios profesionales sanitarios (médicos, ambulancias, etc.) de forma inmediata.
   - Socorrer: tras las fases anteriores se actúa sobre el accidentado siguiendo el protocolo de consciencia, respiración y pulso.

**4. Complete la información necesaria en el esquema de actuaciones primarias ante accidentes:**

Ciclo de actuaciones primarias ante accidentes

1.º Proteger         A Consciencia

2.º Avisar          B Respiración

3.º Socorrer ⟶ Evaluación primaria    C Pulso

**5. Complete el siguiente texto:**

No existe una **regla** definida de cuántos **socorristas** son necesarios en cada organización por número de **trabajadores,** ya que los sectores en los que se enmarcan las empresas son **múltiples** y los tipos de trabajo desarrollados en ellas también.

**6. Seleccione la respuesta correcta con respecto a las situaciones de emergencia:**

    a. Existe un patrón común de actuación para todas las emergencias.
    b. La situación de emergencia es declarada ante cualquier accidente.
    **c. Las situaciones de emergencia son variadas, por lo que el modo de actuar también.**
    d. Las situaciones de emergencia son las que se producen en la empresa por situaciones graves de forma general pero no por el suceso de accidentes.

**7. Marque con una C si las actuaciones descritas pertenecen a conato de emergencia, con una EM, si corresponden a emergencias reales y con una EV, si son actuaciones de evacuación:**

    **C.** Usar los medios disponibles para anular el foco del accidente.
    **EV.** Dirigirse hacia el exterior de forma ordenada y manteniendo la calma.
    **C.** Iniciar la alarma.
    **EM.** Comunicar el accidente por los medios establecidos.
    **C.** No arriesgar inútilmente para provocar una situación peor.
    **EM.** Quedar a la entera disposición de la ayuda exterior para colaborar en todo lo que necesite.
    **C.** Pedir ayuda.

**8. Complete la información que falta con respecto a las actuaciones a seguir en la extinción de fuego:**

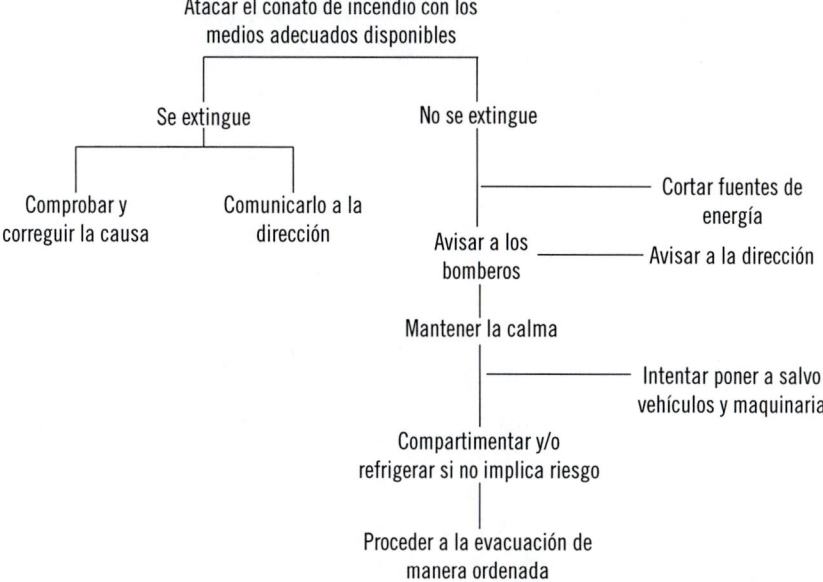

Diagrama de flujo para emergencia fuego

Atacar el conato de incendio con los
medios adecuados disponibles

Se extingue

No se extingue

Comprobar y
correguir la causa

Comunicarlo a la
dirección

Cortar fuentes de
energía

Avisar a los
bomberos

Avisar a la dirección

Mantener la calma

Intentar poner a salvo
vehículos y maquinaria

Compartimentar y/o
refrigerar si no implica riesgo

Proceder a la evacuación de
manera ordenada

**9. Identifique la cartelería con lo que representa en cada caso:**

Manguera
para incendios

Escalera
de mano

Extintor

Teléfono para
la lucha contra
incendios

Dirección que debe seguirse
(señal indicativa adicional a las anteriores)

10. ¿Cuál de las siguientes acciones no corresponde con una situación correspondiente a un conato de emergencia?

    a. Iniciar la alarma.

    **b. Dirigirse al exterior siguiendo las instrucciones indicadas.**

    c. Usar los medios para anular el foco del accidente.

    d. Pedir ayuda.

Solucionario Capítulo 4

1. **Marque con la palabra "SÍ" las lesiones producidas en el cuerpo humano en las que haya podido existir paso de corriente eléctrica, y con la palabra "NO" aquellas en las que no se haya atravesado el cuerpo.**

   **SÍ.** Muerte por asfixia.

   **NO.** Lesiones oftalmológicas por radiaciones de arcos eléctricos.

   **SÍ.** Muerte por fibrilación ventricular.

   **SÍ.** Asfixia y paro respiratorio.

   **NO.** Lesiones generadas por explosiones de gases o vapores iniciadas por arcos eléctricos.

   **SÍ.** Tetanización muscular.

   **SÍ.** Quemaduras internas y externas.

   **NO.** Quemaduras directas por arco eléctrico, proyecciones de partículas u otros.

   **SÍ.** Bloqueo renal por efectos tóxicos.

   **SÍ.** Embolias por efecto electrolítico en la sangre.

   **SÍ.** Lesiones físicas secundarias por caídas, golpes y otros.

2. **Relacione cada síntoma derivado de las descargas eléctricas con su característica principal:**

   a. Cuando la parte que entra en contacto con el trabajador posee una intensidad de corriente muy baja, y no implica ningún peligro.

   b. Son contracciones musculares que experimentaría el cuerpo por el paso de corriente.

   c. Cuando la corriente atraviesa el cerebro.

   d. La corriente atraviesa el cuerpo cruzando por los pulmones.

   e. En esta situación, además de que la carga eléctrica de la parte que haya entrado en contacto con el cuerpo, debe ser elevada, el recorrido que ha seguido a través de este, ha cruzado por el corazón provocando el paro del mismo.

   f. El cuerpo reacciona mediante movimientos reflejos de retroceso.

   **a.** Cosquilleos.

   **f.** Calambres.

   **e.** Paro cardíaco.

   **c.** Paro respiratorio.

   **d.** Asfixia.

   **b.** Tetanización muscular.

**3. ¿Cuál es la relación correcta de voltaje en una red eléctrica de baja tensión?**

    a. 230 V entre neutro y tierra, y 0 V entre fase y neutro.
    **b. 230V entre fase y neutro, y 230 V entre fase y tierra.**
    c. 0 V entre fase y neutro, 0 V entre neutro y tierra.
    d. 0 V entre fase y tierra, y 230 V entre fase y neutro.

**4. Complete la siguiente frase:**

Las partes **activas** de toda instalación han de estar recubiertas de un material **aislante** que impida el paso de la **corriente eléctrica** a otros cuerpos, o directamente a los trabajadores. Este material debe quedar de forma que no pueda ser **eliminado** o **deteriorado**.

**5. Describa cómo protege el interruptor diferencial.**

El diferencial es un dispositivo que se instala en el cuadro general de entrada de corriente del edificio, y corta la corriente en toda la instalación cuando detecta que se está produciendo una derivación en algún punto del circuito de la instalación.

**6. Enumere brevemente las principales actuaciones principales para socorrer a un trabajador accidentado por una descarga eléctrica.**

    a. Interrumpir la corriente.
    b. Retirar al accidentado mediante los medios apropiados.
    c. Recubrirse pies y manos de material aislante para realizar dicha acción si la descarga ha sido en entornos de alta tensión.
    d. Retirar posibles obstáculos de vías respiratorias y llamar a servicios médicos.
    e. Aplicar respiración artificial en caso de que no presentara respiración.

**7. Complete el gráfico con las cinco reglas de oro para los trabajos en ausencia de tensión.**

Las cinco reglas de oro marcarán la correcta ausencia de tensión

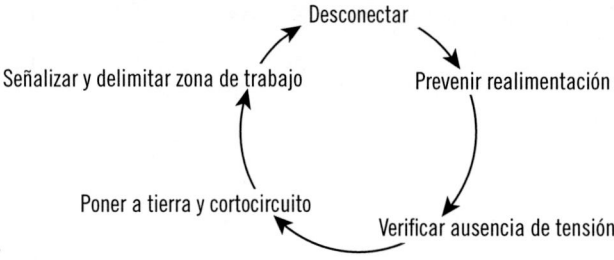

**8. Indique si las siguientes afirmaciones sobre protección contra contactos directos son verdaderas o falsas:**

a. Un método de protección frente a contactos directos es la interposición de obstáculos de cualquier tipo.

☐ Verdadero
☑ **Falso**

b. En determinadas ocasiones se busca el alejamiento de las partes activas de una instalación para no llegar a tener contactos directos.

☑ **Verdadero**
☐ Falso

c. El método más utilizado en instalaciones de telefonía es el recubrimiento de las partes activas.

☑ **Verdadero**
☐ Falso

d. Las distracciones en la realización de los trabajos son un motivo que puede provocar accidentes por contactos directos.

☐ Verdadero
☑ **Falso**

9. **Indique cuál de las siguientes afirmaciones es incorrecta.**

    a. El cable de fase se identifica por el color azul.

    b. El cable neutro se identifica por el color marrón o gris.

    c. **El cable de puesta a tierra se identifica por los colores amarillo y verde.**

    d. El cable de neutro se identifica por el color verde.

10. **Identifique cada material de seguridad con sus características:**

**2.** No son aislantes, pero muy recomendables en el trabajo con cableado (sin tensión) para evitar cortes y pinchazos.

**11 y 12.** Son las empleadas sobre todo en los trabajos con tensión, para aislar completamente al trabajador de tierra.

**13.** Impedirían el paso de corriente a través del trabajador, en su camino desde el origen de la derivación hacia tierra.

**5.** Protege los ojos de chispazos y materiales desprendidos.

**4.** Además de poder ser aislante, previene de golpes y caídas de herramientas provenientes de trabajos en altura.

**3.** Óptima para la protección de la cara ante cualquier chispazo o material desprendido de la realización de los trabajos.

**9.** Son los cables empleados para conectar la instalación con la tierra general.

**10.** Se aconseja que sea ignífuga, ya que se podrían producir fuegos con orígenes eléctricos.

**1.** Normalmente aíslan hasta 1000 V. Necesario comprobar el marcado CE para asegurar su correcta protección.

**6, 7 y 8.** Son las empleadas para los trabajos a distancia. Existen de varios modelos, incluyendo de salvamento, para rescatar a alguien electrocutado, de comprobación, utilizada para garantizar la ausencia de tensión en las instalaciones, y de puesta a tierra, que sería la empleada para poner a tierra la instalación.

Solucionario 4
# Montaje de infraestructuras de redes locales de datos

Solucionario Capítulo 1

1. **Se tiene un cableado de datos que trabaja a una velocidad de 100 Mbps. Se adquieren tarjetas de red que trabajan a velocidad de 10 Mbps ¿Es buena elección? ¿Qué ocurriría?**

Es una mala elección.

Debido a que el cable puede trabajar a velocidades mayores, la tarjeta actúa como "cuello de botella", limitando la velocidad en la red.

Habría que adquirir tarjetas de red como mínimo de igual velocidad de la que sea capaz de trabajar el cableado.

2. **Relacione cada tipo de red con el área que cubre.**

   a. PAN.
   b. LAN.
   c. MAN.
   d. WAN.

   **b.** LAN. Área local.
   **a.** PAN. Área personal.
   **d.** WAN. Área mundial.
   **c.** Área metropolitana.

3. **Complete el siguiente texto.**

Una red en estrella es aquella en la que todo **elemento** de la misma se encuentra **conectado** directamente a un **equipo central,** por el que pasan todas las **comunicaciones** y es el encargado del **control** y **gestión** de **conexión** a la red, **tráfico** de datos y **servicios** adicionales.

4. **De las siguientes afirmaciones, diga cuál es verdadera o falsa.**

   a. Un servidor de red siempre es necesario en una red.

   ☐ Verdadero
   ☑ **Falso**

b. Un servidor de datos realiza funciones de gestión de la red.

☐ Verdadero
☑ **Falso**

c. Un servidor de correo corporativo asegura el control y la salvaguarda de todos los correos enviados y recibidos por una compañía.

☑ **Verdadero**
☐ Falso

d. Cuando se accede a una página web, se está accediendo al contenido de un servidor web.

☑ **Verdadero**
☐ Falso

## 5. Un *router*...

a. ... enruta paquetes en una red, pero no los puede radiar al aire.
b. ... está formado por un *switch* y un *hub*.
c. **... hace las funciones de *switch* y punto de acceso.**
d. ... solo engloba funciones de repetidor y *switch*.
e. ... solo es necesario en grandes redes.

## 6. Indique cuál de las siguientes opciones es correcta:

a. El *software* son los programas que instalamos en un equipo y el *hardware* sus componentes físicos
b. El *hardware* son los programas que instalamos en un equipo y el *software* sus componentes físicos.
c. **El *software* son los programas que instalamos en un equipo, el *hardware* sus componentes físicos y la información los datos almacenados que circulan por la red.**
d. Todas las opciones son incorrectas.

## 7. Relacione cada sistema operativo con alguna característica.

a. *Windows.*
b. *Linux.*
c. *MacOS.*

d. *Debian.*
e. *iOS 16.*

**e.** Sistema operativo del *smartphone* iPhone.
**c.** Sistema operativo de *Apple* para MAC.
**b.** Sistema operativo de libre distribución.
**d.** Una de las distribuciones de SO libre.
**a.** Sistema operativo propietario.

8. **Complete el siguiente texto.**

El protocolo TCP/IP es el exclusivamente utilizado por las redes **locales** en la transmisión de información a través de **internet.** Aunque se hable de protocolo, se trata en realidad de **diferentes** protocolos (protocolo **TCP** y protocolo **IP**), además de los **protocolos** que componen a cada uno de ellos.

9. **De las siguientes afirmaciones, indique cuál es verdadera o falsa.**

a. Las direcciones IP están a punto de agotarse.

☑ **Verdadero**
☐ Falso

b. La actual versión de protocolo IP es la v6.

☐ Verdadero
☑ **Falso**

c. Las direcciones IP está compuestas por 32 bits agrupadas en 8 bytes.

☑ **Verdadero**
☐ Falso

d. El IPX/SPX está en desuso.

☑ **Verdadero**
☐ Falso

**10. En lo referente a las configuración de los elementos de interconexión de red...**

    a. ... los *switches* necesitan una configuración avanzada.

    **b. ... es necesario conocer la IP del *router* para configurarla en cada uno de los equipos de la red.**

    c. ... los *routers* disponen de una IP de fábrica que siempre será la puerta de enlace a internet.

    d. ... los puntos de acceso no disponen de IP interna, porque se limitan a radiar la información que les llega directamente desde el *switch* o toma de datos.

Solucionario Capítulo 2

1. **Se etiqueta un cable conectado al ordenador de dirección como "PC Dirección". ¿Es correcto ese etiquetado? ¿Por qué?**

No, porque no es recomendable la utilización de un sistema de etiquetado con relación a un momento concreto. Si ese PC cambia el lugar del edificio en donde se ubica la Dirección, habría que cambiar también el etiquetado. Se debe etiquetar cada extremo del cable haciendo referencia al camino que está siguiendo, indicando de la roseta de la que sale y en la que termina.

2. **Complete el siguiente texto.**

El tubo **rígido** es la opción de superficie para las instalaciones en las que no se permita **empotrar** y la **visibilidad** de la canalización no presente un problema, siendo los entornos **industriales** los más apropiados para esta canalización.

3. **De las siguientes afirmaciones, indique cuál es verdadera o falsa.**

   a. Los tubos corrugados se usan en instalaciones en que se permita empotrar.

      ☑ **Verdadero**
      ☐ Falso

   b. Los tubos rígidos se usan en instalaciones en que se permita empotrar.

      ☐ Verdadero
      ☑ **Falso**

   c. Las canaletas son canalizaciones de superficie y se usan normalmente en oficinas.

      ☑ **Verdadero**
      ☐ Falso

**4. Busque los distintos tipos de utensilios usados en trabajos de canalización.**

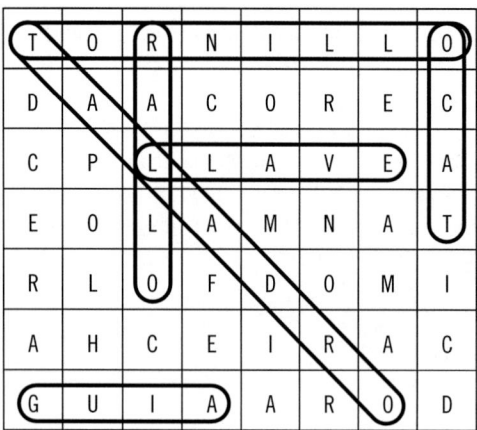

**5. Relacione cada tipo de fijación con el tipo de canalización en donde se emplea.**

a. Estructuras y soportes.
b. Abrazadera.
c. Collares.
d. Grapas.
e. Fijaciones químicas.
f. Tornillería.

**b.** Como fijación de tubo corrugado.
**a.** Dispuestas en sótanos de grandes superficies.
**d.** Como fijación de cable paralelo bifilar sin canalizar.
**c.** Como fijación a techo de tubo rígido.
**f.** Como fijación de regletas.
**e.** Como fijación de canaletas.

**6. De las siguientes afirmaciones, indique cuál es verdadera o falsa.**

a. El martillo de goma se usará en cualquier tipo de canaleta.

☑ **Verdadero**
☐ Falso

b. Para sujetar las fijaciones, solo se necesitará destornillador.

☐ Verdadero
☑ **Falso**

c. El taladro es imprescindible en canalizaciones con tubo corrugado.

☐ Verdadero
☑ **Falso**

d. El tubo corrugado es el idóneo para empotrar.

☑ **Verdadero**
☐ Falso

7. **En una instalación de oficinas, necesitan que no se vea la canalización de la instalación de la red de datos. ¿Qué se debe hacer?**

a. Empotrar canaletas, ya que su fijación es la más eficaz.
b. Hacer regolas para empotrar de tubo PVC.
c. **Hacer regolas para empotrar tubo corrugado.**
d. Grapar cable y esconderlo tras marcos de ventanas y puertas.

8. **Complete el siguiente texto.**

Para el tendido de cableado a través canalización formada por **tubos,** se necesita de una herramienta auxiliar denominada **"guía".**

La herramienta dispone de **2** puntas, una **flexible** y metálica que será la encargada ir **guiando** y abriendo camino al cable a lo largo de toda la canalización, y otra en la que existe un terminal que hará la función de **sujeción** y anudado del **cable.**

9. **Relacione las siguientes herramientas con su función.**

a. Guía.
b. Martillo de carpintero.
c. Martillo de goma.
d. Destornillador.
e. Crimpadora.
f. Escalera.

**b.** Tirada de cableado en tubos.

**d.** Conexionado de cableado.

**c.** Tirada de cableado canaleta.

**b.** Tirada de cableado con grapas.

**f.** Uso múltiple.

**e.** Conexionado de cableado.

10. **¿Qué tipo de cable se podría usar para una instalación de red de datos para dar servicio a una oficina de 10 puestos de trabajo si se necesita máxima velocidad en las transmisiones? ¿Por qué?**

Cable UTP de categoría 6, ya que es el mejor cable en relación calidad-precio y el más fácil de instalar. Además, ofrece velocidades de hasta 1Gbps, no compensando por tanto instalaciones de otros cableados más rápidos, como la fibra óptica.

Solucionario Capítulo 3

1. **En las comunicaciones satelitales, ¿gira el satélite alrededor de la Tierra bañando distintas zonas geográficas según la hora del día?**

   No exactamente. El satélite gira alrededor de la Tierra, pero a una velocidad que le permite dar cobertura siempre a la misma zona geográfica.

2. **Determine qué diseño corresponde a una topología en estrella, de los distintos mostrados en la figura.**

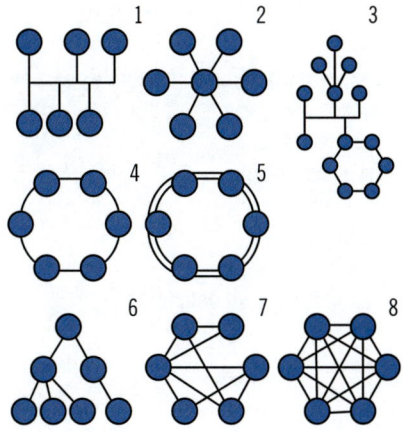

   El diseño que corresponde a una topología en estrella es el número 2.

3. **De las siguientes afirmaciones, indique cuál es verdadera o falsa.**

   a. La huella del satélite marca la zona de cobertura de este.

   ☑ **Verdadero**
   ☐ Falso

b. El satélite proyecta señales de mayor potencia en la periferia de su huella.

☐ Verdadero
☑ **Falso**

c. El PIRE es la cantidad de información que el satélite puede difundir.

☐ Verdadero
☑ **Falso**

d. Los dBW es la unidad relativa con la que se mide la potencia de las señales recibidas.

☑ **Verdadero**
☐ Falso

4. **Indique cuál de las siguientes opciones no es un tipo de antena parabólica.**

a. Antena de foco centrado
b. Antena de foco desplazado
c. Antena Cassegrain
d. **Antena de foco integrado**

5. **Relacione cada tipo de señal con su definición.**

a. Ancho de banda.
b. Interferencia.
c. Ruido.
d. PIRE.

**d.** Potencia de señal recibida.
**c.** Una forma de interferencia.
**b.** Señal indeseada acoplada a la original.
**a.** Cantidad de información que se puede transmitir.

6. **De las siguientes afirmaciones, diga cuál es verdadera o falsa.**

a. La verdadera antena en una parabólica es el LNB.

☑ **Verdadero**
☐ Falso

b. La antena de foco centrado dispone de 2 reflectores.

☐ Verdadero
☑ **Falso**

c. La antena offset hace que los rebotes de las señales sean muy directivos.

☐ Verdadero
☑ **Falso**

d. En antenas Cassegrain, el LNB se sitúa en el vértice del plato.

☑ **Verdadero**
☐ Falso

7. **Seleccione la respuesta correcta en relación a la determinación del tamaño del reflector parabólico.**

a. Dependerá exclusivamente de la frecuencia del servicio a recibir.
b. Se necesitan tanto la relación C/N del servicio como los datos del operador donde se representan los diámetros necesarios según la zona.
c. **Dependerá de la potencia de las señales recibidas y del tipo de servicio a recibir.**
d. Dependerá exclusivamente de la relación C/N del servicio.

8. **Explique brevemente qué magnitud ajena a la instalación es imprescindible tener controlada en un sistema de captación y por qué.**

En una instalación de un sistema de captación, es necesaria la comprobación de la ausencia de señales que puedan interferir en las transmisiones satelitales. Cualquier señal generada en el rango de frecuencias de las microondas y con valores de frecuencia cercanos a los de la señal satelital puede ser foco de interferencia y acoplarse a las comunicaciones en forma de ruido.

9. **Relacione los distintos conceptos de orientación y equipamiento con sus definiciones.**

a. Azimut.
b. Elevación.
c. Polarización.

d. IDU.
e. HUB.

**c.** Orientación del LNB.
**d.** Unidad interior.
**e.** Central de control de comunicaciones.
**a.** Orientación horizontal.
**b.** Orientación vertical.

**10. ¿A qué hacen referencia las siglas VSAT? ¿Qué configuración es más aconsejable?**

VSAT proviene del inglés *very small aperture terminals,* haciendo referencia a las pequeñas antenas parabólicas que forman una red de datos satelital, gestionada por una estación principal denominada HUB.

La configuración más aconsejable es en estrella, en la que todas las estaciones se conectan a la estación principal (HUB) y esta se encarga de todas las tareas de control y gestión.

Solucionario Capítulo 4

**1. ¿Puede funcionar una red de área local sin la utilización de un *router?***

Sí. De hecho, para el comparto de recursos, archivos, impresoras, etc., lo común es implementar una red en estrella en la que todas las tomas de usuario deriven del elemento central que sería el *switch*.

En el caso en que la red requiera conexión a internet, sí sería de obligada instalación un *router*.

**2. ¿Qué operación se está realizando en la imagen?**

Crimpado hembra en un panel de parcheo, mediante una crimpadora de impacto. El cable que se está conectando proviene de una toma repartida en algún punto de la instalación.

**3. De las siguientes afirmaciones, diga cuál es verdadera o falsa.**

    a. En el crimpado de un conector RJ45, lo más importante es la correcta fijación de los hilos a los viales.

        ☐ Verdadero
        ☑ **Falso**

b. En la realización de un latiguillo para conectar un equipo a una toma, en cada extremo se puede aplicar una norma de crimpado diferente.

☐ Verdadero
☑ **Falso**

c. En la preparación del crimpado, también es necesario pelar los hilos del UTP hasta poder ver unos milímetros de conductor.

☑ **Verdadero**
☐ Falso

d. La superposición de dos hilos en un vial de RJ45 es indiferente si se ha seguido el orden de la norma.

☐ Verdadero
☑ **Falso**

**4. Los canales que no se solapan en un red inalámbrica son:**

a. Los pares.
b. Los impares.
**c. Los que guardan una separación de 5 canales entre ellos.**
d. Los que guardan una separación de 3 canales entre ellos.

**5. Relacione cada parámetro con su definición.**

a. Potencia recibida.
b. BER.
c. PING.
d. Cobertura.

**d.** Radio de acción de un punto de acceso.
**c.** Comando de comprobación de conexiones lógicas.
**b.** Tasa de errores de bits en una comunicación.
**a.** Intensidad con la que se recibe una señal.

**6. De las siguientes afirmaciones, indique cuál es verdadera o falsa.**

a. El modelo ideal de diseño es con *patch-panel*.

☑ **Verdadero**
☐ Falso

b. El uso de cableado terminado en conector macho, conectado a *switch*, agiliza la instalación porque se prescinde del *patch-panel*.

☐ Verdadero
☑ **Falso**

c. Lo ideal es que los puntos de acceso solapen sus frecuencias para que la señal se reciba con la máxima potencia.

☐ Verdadero
☑ **Falso**

d. Con 3 frecuencias no adyacentes se pueden instalar 8 puntos de acceso.

☑ **Verdadero**
☐ Falso

**7. Indique qué parámetros básicos han de tenerse controlados *a priori* en el planteamiento de una red inalámbrica.**

a. Cobertura, interferencias, PING y VER.
b. Cobertura, mantenimiento, PING y protocolos.
**c. Cobertura, interferencias, comprobación de cableado y protocolos.**
d. Cobertura, PING, comprobación de cableado y protocolos.

**8. Complete el siguiente texto referente al conexionado del *switch*.**

El **latiguillo** proveniente del ***router*** y que proporciona la opción de conexión a **internet** se le conecta a cualquiera de las entradas del ***switch*** y, por otra parte, el resto de puertos serán usados para conectar mediante **latiguillos** las entradas del ***patch-panel*** que, a su vez, corresponden con **tomas de usuario** repartidas por la instalación.

9. **Relacione los distintos tipos de estándares con alguna de sus características.**

      a. IEEE 802.11 a.
      b. IEEE 802.11 b.
      c. IEEE 802.11 g.
      d. IEEE 802.11 n.

      **c.** Velocidad teórica: 54 Mbps.
      **d.** Frecuencia de funcionamiento: 2,4 y 5 GHz.
      **b.** Frecuencia de funcionamiento: 2,4 GHz.
      **a.** Radio de cobertura teórico: 15-100 m.

10. **Describa cómo se usa un comprobador de red.**

El comprobador de red es el aparato mediante el que se comprueba el crimpado (macho o hembra) del cableado. Transmisor y receptor se colocan en cada extremo del cable a testear y cada led del dispositivo referencia un hilo de los 8 que forman el cable, indicando cada uno de los posibles estados en los que se pueda encontrar la conexión: cortocircuito, circuito abierto, fallo general o sin conexión.

Solucionario 5
# Mantenimiento de infraestructuras de redes locales de datos

Solucionario Capítulo 1

1. **Indique la opción correcta.**

   a. **Las redes se pueden clasificar por su tamaño de mayor a menor. Estas son WAN, MAN, LAN.**
   b. Las redes se pueden clasificar por el medio de transmisión usado: medios propios, medios alquilados.
   c. Las redes se pueden clasificar en función de la velocidad de transmisión. Estas son Low Ethernet, Ethernet, Fast Ethernet.

2. **Complete la siguiente frase.**

   En una red de área local el **medio de transmisión** es el portador de la información, la **electrónica de red** permite interconectar los elementos de red entre sí, **las tarjetas de red** conectan los ordenadores a la red, **los equipos de usuarios** son los ordenadores y los **periféricos** son dispositivos conectados a la red para compartir recursos.

3. **Relacione las siguientes frases entre sí.**

   a. Los mantenimientos preventivos.
   b. Los mantenimientos correctivos.
   c. Los mantenimientos.

   **b.** Resuelven las incidencias puntuales de la red.
   **a.** Corrigen las incidencias programadas de la red.
   **c.** Mejoran el estado general de la red.

4. **Indique si las siguientes afirmaciones son verdaderas o falsas.**

   a. Un switch con tres puertos se conecta a la línea telefónica para dar servicio de Internet a tres ordenadores.

   ☐ Verdadero
   ☑ **Falso**

b. Un *router* con tres puertos se conecta a la línea telefónica para dar servicio de Internet a tres ordenadores.

☐ Verdadero
☑ **Falso**

c. Un módem + *router* + switch con tres puertos se conecta a la línea telefónica para dar servicio de Internet a tres ordenadores.

☑ **Verdadero**
☐ Falso

**5. ¿Qué funciones tiene un repetidor en una red LAN?**

Permiten ampliar las longitudes de los medios de transmisión de estas y por las distancias entre los elementos de la red.

**6. Señale la opción correcta.**

a. Un cable de red es de pares trenzados.
b. Un cable de red de pares trenzados UTP tiene mejores características que un cable de red de pares trenzados STP.
c. **Un cable de red de pares trenzados STP tiene mejores características que en cable de red de pares trenzados UTP.**

**7. Complete la siguiente frase.**

Debido a que estas redes operan en una **banda** de frecuencia **libre,** se hace necesario un control cada vez más preciso en estas redes, analizando las **interferencias** producidas por otras redes locales **cercanas** además del estudio de la **seguridad** de acceso en estas.

**8. Relacione las siguientes frases entre sí.**

a. El LAN tester.
b. El analizador de red.
c. El analizador de protocolo.

**b.** Permite realizar medidas de los parámetros de comunicaciones de los cables de red.

**a.** Permite realizar medidas muy básicas sobre el cable de red.

**c.** Permite realizar medidas en la red detectando causas de ralentización en la red.

9. **Indique cuál de las siguientes afirmaciones es verdadera o falsa.**

   a. La documentación necesaria para llevar mantenimientos de redes LAN es el inventario de los materiales.

   ☐ Verdadero
   ☑ **Falso**

   b. Un plano bien realizado es un elemento suficiente para recoger toda la información técnica necesaria de una red.

   ☐ Verdadero
   ☑ **Falso**

   c. Un croquis puede aportarse como elemento aclaratorio a los planos y esquemas, añadiendo en estos notas aclaratorias.

   ☑ **Verdadero**
   ☐ Falso

10. **A la hora de conectar los cables de red a los conectores RJ-45 en una red de datos de área local...**

    a. ... es muy importante que todos sigan el mismo esquema de montaje, sea cual sea.
    b. ... lo menos importante es como se monten, pero tienen que funcionar según las especificaciones de red.
    c. **... se seguirá una de las dos normas T568B o T568A, normalmente para redes de datos pequeñas se usa la T568B.**

Solucionario Capítulo 2

1. **Indique cuál o cuáles de las siguientes opciones son correctas.**

   a. El análisis de un protocolo de red no muestra nada porque estos están creados por los desarrolladores de protocolos.
   b. **El análisis de un protocolo de red puede facilitar la detección de errores en la red.**
   c. **El análisis de un protocolo de red puede ayudar a mejorar el rendimiento de la red.**

2. **Complete la siguiente frase.**

   El **telurómetro** es un equipo de medida destinado a tomar los valores de **resistencia** de puesta a **tierra** de las instalaciones que están conectadas a las redes **eléctricas**.

3. **Relacione las siguientes frases entre sí.**

   a. Un comprobador de red interior.
   b. Un analizador de protocolo.
   c. Un comprobador de cableado.

   **c.** Analiza el mapeado de un cable de red.
   **b.** Analiza a fondo la infraestructura de red.
   **a.** Analiza básicamente el cableado de red.

4. **Indique si las siguientes afirmaciones son verdaderas o falsas.**

   a. La red Ethernet soporta el protocolo TCP/IP.

   ☑ **Verdadero**
   ☐ Falso

   b. PING es una función del protocolo IP.

   ☑ **Verdadero**
   ☐ Falso

c. Las direcciones IP son únicas a nivel LAN.

☐ Verdadero
☒ **Falso**

## 5. ¿Qué es una red WLAN?

Una red WLAN es una red de área local donde el medio de transmisión usado es el inalámbrico.

## 6. Señale la opción correcta.

a. Las redes wifi trabajan en la banda de frecuencia TSM.
b. **Las redes wifi trabajan en una banda de frecuencia libre.**
c. Las redes wifi trabajan en una banda de frecuencia reservada.

## 7. Complete la siguiente frase.

Los sistemas wifi trabajan en la bandas de frecuencias de los 2.4 GHz y los **5** GHz, esta última se encuentra menos saturada que la de 2.4 GHz. En la banda de frecuencia de 2.4 GHz **existen** otros dispositivos distintos a los wifi que producen interferencias al trabajar en la **misma** banda de frecuencia. Estos son los teléfonos inalámbricos a DECT, los hornos **microondas**, los dispositivos *bluetooth,* etc.

## 8. Relacione las siguientes frases entre sí.

a. Las interferencias en el cableado de red.
b. Las interferencias en las redes WLAN.
c. Las interferencias.

**b.** Dependen de sistemas de la misma naturaleza y de naturaleza distinta.
**a.** Son inapreciables en la mayoría de los casos.
**c.** Son analizables y se pueden evitar en algunos casos.

**9. Indique si las siguientes afirmaciones son verdaderas o falsas.**

a. El estándar IEEE-802.11x está referido a redes LAN.

☐ Verdadero
☑ **Falso**

b. El estándar IEEE-802.11 trabaja en una banda de frecuencias.

☐ Verdadero
☑ **Falso**

c. El estándar IEEE-802.3 está referido a redes WLAN.

☐ Verdadero
☑ **Falso**

**10. Señale qué factores se deben tener en cuenta en los locales de redes de datos.**

La temperatura, la humedad, la iluminación, la limpieza y la contaminación electro-magnética.

Solucionario Capítulo 3

1. **Indique cuáles de las siguientes opciones son correctas.**

   a. Las características de los cables de red tienen que ver solo con las características de trasmisión.
   **b. Las características de los cables de red tienen que ver con las características de trasmisión y las propiedades físicas del cable.**
   c. Las características de los cables de red tienen que ver solo con la categoría del cable.

2. **Complete el siguiente texto.**

   Una característica importante a tener en cuenta en el cable es la **flexibilidad.** Esta viene dada en función de la **cantidad** de hilos con la que cuenta el cable, de manera que los cables **unifilares** son **más** rígidos y los cables **multifilares** son menos rígidos.

3. **Relacione las siguientes frases entre sí.**

   a. Los cables de red flexibles.
   b. Los cables de red rígidos.

   **a.** Se instalan en los puestos de trabajo.
   **b.** Se instalan en el cableado horizontal.

4. **Indique si las siguientes afirmaciones son verdaderas o falsas.**

   a. Los fallos en los módems no tienen relación con las líneas telefónicas.

   ☐ Verdadero
   ☑ **Falso**

   b. Los fallos en los módems pueden deberse al uso de terminales telefónicos.

   ☑ **Verdadero**
   ☐ Falso

c. No es necesario el uso del filtro para los módems.

☑ **Verdadero**
☐ Falso

**5. Explique cómo funciona un concentrador o hub.**

Conecta a diferentes equipos en cada uno de sus puertos, de manera que cuando un equipo envía un paquete de información el concentrador lo reenvía a los puertos restantes.

**6. Señale cuál de las siguientes opciones es correcta.**

a. Los fallos en los enrutadores pueden deberse a una falta de sincronismo.
**b. Los fallos en los módems pueden deberse a una falta de sincronismo.**
c. Los fallos en los conmutadores pueden deberse a una falta de sincronismo.

**7. Complete la siguiente frase.**

Los fallos en los módems *routers* pueden ser reconocidos **fácilmente** si se observa que la red LAN sigue ofreciendo **todos** los servicios internos a la red, pero **no** existirán comunicaciones con el **exterior**.

**8. Relacione las siguientes frases entre sí.**

a. Los puntos de acceso pueden fallar.
b. Los switch pueden fallar.
c. Los adaptadores de red pueden fallar.

**b.** Si los cables de red son cruzados.
**a.** Si varios comparten el mismo SSID.
**c.** Si los controladores están desactualizados.

**9. Indique si las siguientes afirmaciones son verdaderas o falsas.**

a. La orientación de una antena depende de la antena distante.

☑ **Verdadero**
☐ Falso

b. La orientación de una antena receptora depende de la antena transmisora.

☑ **Verdadero**
☐ Falso

c. La orientación de una antena depende de las emisiones interferentes.

☑ **Verdadero**
☐ Falso

**10. Indique una solución para eliminar los problemas de los sistemas radiantes exteriores en los sistemas wifi.**

El uso de puntos de acceso exteriores en los que todo el sistema radiante viene integrado junto con el punto de acceso en el mismo equipamiento.

Solucionario Capítulo 4

1. **Indique la opción correcta.**

   **a. Las conexiones de corriente alterna deberán llevar una tierra asociada.**
   b. Las conexiones de corriente continua deberán llevar una tierra asociada.
   c. Las conexiones de los cables de red deberán llevar una tierra asociada.

2. **Complete el siguiente texto.**

   Es importante asegurar que los terminales utilizados para realizar las conexiones de **puesta a tierra** sean **compatibles** entre el elemento conductor de tierra que normalmente será de **cobre** y la parte **metálica** a la que se desea conectar..

3. **Relacione las siguientes frases entre sí.**

   a. La conexión entre *router* y conmutador...
   b. La conexión entre antena y repetidor...
   c. La conexión entre línea de telefonía y modem...

   **c.** ... se realiza mediante conectores RJ11.
   **b.** ... se realiza mediante conectores N/rSMA.
   **a.** ... se realiza mediante conectores RJ45.

4. **Señale si las siguientes afirmaciones son verdaderas o falsas.**

   a. El cableado vertical puede ser horizontal en su recorrido.

   ☑ **Verdadero**
   ☐ Falso

   b. El cableado vertical agrupa a parte del cableado horizontal.

   ☐ Verdadero
   ☑ **Falso**

   c. El cableado vertical agrupa a parte de las comunicaciones del cableado horizontal.

      ☑ **Verdadero**
      ☐ Falso

5. **¿Cómo se pueden determinar los parámetros IP de una tarjeta de red?**

Mediante la utilización del comando "ipconfig" en la consola de comandos del DOS.

6. **Indique cuál o cuáles de las siguientes opciones son correctas.**

   **a. Existe una relación entre la dirección IP y la MAC.**
   b. Existe una relación entre la dirección IP y el SSID.
   **c. Existe una relación entre el BSS y el SSID.**

7. **Complete el siguiente texto.**

La restauración de valores de **fábrica** de algunos equipos se puede conseguir mediante el **borrado** de la memoria **flash** por pulsación en un **interruptor**.

8. **Relacione las siguientes frases entre sí.**

   a. En el hub...
   b. En el switch...
   c. En el repetidor...

   **c.** ... se utiliza el protocolo CSMA/CA.
   **a.** ... se utiliza el protocolo CSMA/CD.
   **b.** ... no se utiliza el protocolo CSMA.

9. **Señale si las siguientes afirmaciones son verdaderas o falsas.**

   a. WPS es un protocolo de enlace de seguridad entre dispositivos.

      ☑ **Verdadero**
      ☐ Falso

b.  WAP es un protocolo de enlace de seguridad entre dispositivos.

    ☐ Verdadero
    ☑ **Falso**

c.  Varios BSS en conjunto forman un ESS.

    ☑ **Verdadero**
    ☐ Falso

**10. Explique cómo consigue el estándar 802.11n alcanzar velocidades de hasta 600 Mpbs.**

Mediante el uso de múltiples antenas en las tarjetas de red. A esta tecnología se le denomina MIMO.

## Solucionario Capítulo 5

1. **Señale cuál de las siguientes afirmaciones es correcta.**

    a. La generación del informe de reparación es generado solo si el cliente lo pide.
    b. La generación del informe de reparación tiene como objeto el control del técnico de campo.
    c. **La generación del informe de reparación es relevante para la empresa por la información que aporta.**

2. **Complete la siguiente frase.**

    La elaboración del **informe** de reparación debe reflejar  los elementos **causantes** de las averías y los **parámetros** que lo **caracterizan.**

3. **Relacione las siguientes frases entre sí.**

    a. La elaboración del informe de reparación.
    b. Los medios para la elaboración del informe de reparación.
    c. La entrega del informe de reparación.

    **b.** Pueden ser tanto informáticos como plantillas en papel.
    **c.** Es realizada por la persona que atiende la avería.
    **a.** Va dirigida tanto al cliente como a la empresa que realiza el mantenimiento.

4. **Señale la afirmación correcta.**

    a. La sustitución de un cable de red no conlleva un informe de reparación.
    b. La sustitución de un cable de red conlleva informe de reparación si se cambia el trazado de este.
    c. **La sustitución de un cable de red puede conllevar, adjunto al correspondiente informe de reparación, un certificado del cableado sustituido.**

5. **Indique los datos más importantes que debe incluir un informe de reparación.**

  ▮ Los datos del cliente.
  ▮ La información sobre el problema.
  ▮ Los elementos afectados por la avería.
  ▮ Los elementos sustituidos o intervenidos en la avería.
  ▮ La verificación de los nuevos parámetros de funcionamiento.
  ▮ El tiempo desarrollado en la resolución.

6. **Marque la respuesta correcta.**

  a. Cada intervención genera un croquis en el que se indican claramente las actuaciones realizadas.
  b. Cada intervención genera una documentación abundante y tediosa.
  c. **Cada intervención genera la información aclaratoria sobre la incidencia y su resolución.**

7. **Complete la siguiente frase.**

  La **generación** de documentación que puede dar a lugar a un cambio de **configuración** en los equipos de la red puede quedar **recogida** en un **simple** documento de **anotaciones.**

8. **Relacione las siguientes frases entre sí.**

  a. Lo importante en los planos es.
  b. La simbología estandarizada.
  c. En los croquis es importante.

  **b.** Conlleva leyendas aclaratorias.
  **a.** La utilización de leyendas aclaratorias.
  **c.** Incluir tantas notas aclaratorias como sea conveniente.

9. **¿Cuál de las siguientes afirmaciones es correcta?**

  a. Las garantías de los equipos dependerán del valor de este.
  b. Las garantías serán válidas según lo pactado entre las partes.
  c. **Las garantías, como mínimo, cumplirán lo establecido en la ley.**

**10. ¿Qué ley regula todos los aspectos sobre garantías?**

La generación de documentación que puede dar a lugar a un cambio de configuración en los equipos de la red puede quedar recogida en un simple documento de anotaciones.